FORSCHUNGSBERICHTE DES LANDES NORDRHEIN-WESTFALEN

Nr. 2496

Herausgegeben im Auftrage des Ministerpräsidenten Heinz Kühn
vom Minister für Wissenschaft und Forschung Johannes Rau

Prof. Dr. rer. nat. Wilfried Ernst
Cand. rer. nat. Werner Mathys
Dr. rer. nat. Peter Janiesch
Institut für Angewandte Botanik
der Universität Münster

Physiologische Grundlagen
der Schwermetallresistenz
-Enzymaktivitäten und organische Säuren-

Westdeutscher Verlag 1975

ISBN-13: 978-3-531-02496-7   e-ISBN-13: 978-3-322-88080-2
DOI: 10.1007/978-3-322-88080-2

Inhalt

A. Einleitung 5

B. Material und Methoden 6
   I.   Material 6
   II. Methoden 6

C. Ergebnisse und Diskussion 9
   I.   Schwermetallresistenzeigenschaften von
      pflanzlichen Enzymen 9
        1. In-vitro-Untersuchungen 9
        2. In-vivo-Untersuchungen 12
        3. Diskussion 13
   II. Die Evolution der Schwermetallresistenz in
      Gramineen nach Schwermetallbelastung 14
      Resultate und Diskussion 14
   III. Schwermetallresistenz und Stickstoffgehalt 16
      Diskussion 18
   IV. Schwermetallresistenz und organische Säuren 19
        1. Resultate 19
        a) Allgemeine Säurespektren der
           untersuchten Arten 19
        b) Säuremetabolismus unter Zinkeinfluß 21
        c) Säuremetabolismus unter Kupfereinfluß 22
        2. Diskussion 24

Danksagung 27

Zusammenfassung 27

Literaturverzeichnis 28

Abbildungen 33

A. Einleitung

Angiospermen und Bryophyten, die in schwermetallreichen Böden und
Wässern wachsen, haben eine spezifische physiologische Resistenz
nur gegen jene Schwermetalle erworben, die im Substrat des Standortes reichlich vorhanden sind (Ernst 1974). Der Resistenzmechanismus, der zwischen den einzelnen Schwermetallen unterscheiden
kann, ist nicht in den Schwermetallaufnahmemechanismen gegeben;
denn bezüglich der Ionenaufnahme besteht kein Unterschied zwischen schwermetallresistenten und nicht-resistenten Pflanzen
(Ernst 1972, Mathys 1973). Auch die Verteilung der Schwermetalle
innerhalb der Pflanzenorgane ist unabhängig von der Höhe der
Schwermetallresistenz (Ernst 1969, 1974, Mathys 1973). Deshalb
sind die von Turner (1970) diskutierten Unterschiede in der
Schwermetallkumulation der Wurzelzellwände ebenso wie in der
Kationenumtauschkapazität höchstens Teilaspekte der Schwermetall-
toleranz, zumal in den Blättern bei steigenden Schwermetallgehal-
ten die Bedeutung der Zellwand für eine Regulation des Schwerme-
tallhaushaltes gering wird (Ernst 1969, 1975, Mathys 1973). Vor
allem wird das Phänomen der spezifischen protoplasmatischen Resistenz schwermetalltoleranter Arten nicht erklärt (Gries 1966,
Rüther 1967, Ernst 1972b, 1974). Die Anreicherung von Schwermetallen in den Vakuolen setzt einen Transport dieser Elemente
durch das Plasma in einer solchen Art voraus, daß es zu keinen
Interaktionen mit schwermetallsensitiven Strukturen kommen kann.
Als physiologische Grundlagen der Schwermetallresistenz kommen
zwei Möglichkeiten in Betracht:

1. die Evolution schwermetallresistenter Enzyme,
2. die Umsteuerung des Stoffwechsels einiger Metabolite.

Basierend auf den Befunden von Horii et al. (1956) und Murayama
(1961), die die Evolution kupferresistenter Enzyme des Tricarbonsäurezyklus bei kupferresistenten Bakterien und Pilzen entdeck-
ten, und unter Berücksichtigung der Ergebnisse von Ashida & Nakamura (1959), die über eine Umsteuerung des Schwefelmetabolismus
von kupfertoleranten Hefen berichteten, ist der Zweck dieser Untersuchungen auf eine weitere Aufklärung des Resistenzmechanismus von höheren Pflanzen gegenüber Schwermetallen gerichtet. Vor
allem fordert die zunehmende Verwendung von Enzymen als Indikatoren pflanzlicher Belastung (u.a. Sirkar & Amin 1974, Keller 1974)
eine rasche Klärung der Möglichkeit zur Evolution schwermetallresistenter Enzyme, zumal einige Pflanzenarten unter Schwermetall-
streß rasch resistente Populationen entwickeln können (Bradshaw
et al. 1965, Gartside & McNeilly 1974, Kraal & Ernst 1975).

I. Material

Die folgenden Pflanzen wurden untersucht: Von Silene cucubalus
Wib. nicht-schwermetallresistente Populationen von einem kalkreichen Boden in Brochterbeck, von silikatreichen Böden des Mt.
Aravis bei Chamonix/Frankreich und von St. Leonhard/Italien,
zinkresistente Populationen von Blankenrode und vom Silberberg
bei Osnabrück, eine kupferresistente Population von Marsberg und
eine zink- und kupferresistente Population von Langelsheim; von
Silene nutans L. eine nicht-schwermetallresistente Population
von St. Leonhard und eine kupferresistente Population von Thalitter; von Thlaspi alpestre L. eine zinkresistente Form vom
Silberberg bei Osnabrück und eine nicht-schwermetallresistente
Form von Le Vivier des Rousses aus dem Schweizer Jura; von
Agrostis tenuis Sibth. eine kupferresistente Population von
Marsberg, eine zinkresistente Form von Blankenrode und eine
nicht-schwermetallresistente Form von Ede/Niederlande. Die Pflan-
zen für die Untersuchungen nach der Evolutionsgeschwindigkeit der
Schwermetallresistenz sind in der entsprechenden Tabelle mit ih-
rer Herkunft vermerkt.

II. Methoden

Kulturmethoden: Nach sechswöchiger Anzucht der Populationen von
Silene cucubalus, Silene nutans und Agrostis tenuis resp. nach
zehnwöchiger Anzucht der Thlaspi - Populationen in einer Sandkultur unter Zusatz einer verdünnten Nährlösung wurden die Pflanzen entweder weiter in demselben Medium (A), in einem calciumreichen Sand (B), in einer Einheitstorferde (C) oder in einer be-
lüfteten Nährlösung (D) weiter aufgezogen. Das Kulturmedium wurde entsprechend der Fragestellung gewählt: Für den in-vitro-En-
zymtest wurden aus der Sandkultur A, für die in-vivo-Enzym- und
die Stickstoffuntersuchungen Pflanzen aus der Wasserkultur ge-
nommen. Für die Untersuchungen der organischen Säuren wurden die
Medien B, C und D verwendet. Die Nährlösung hatte folgende Zu-
sammenstellung: je 1000 ml aqua dest. 3 mM KNO_3, 1 mM $Ca(NO_3)_2$,
1 mM NaH_2PO_4, 0.5 mM $MgSO_4$, 0.1 mM Fe-EDTA, 0.1 mM NaCl, 0.05 mM
H_3BO_3, 0.02 mM $MnSO_4$, 0.001 mM $(NH_4)_6Mo_7O_{24}$, 0.0001 mM $CuSO_4$.
Veränderungen sind in den entsprechenden Abschnitten vermerkt.

Elektrophorese: Polyacrylamid-Disk-Elektrophorese wurde bei einer konstanten Spannung von 300 V und bei 25 mA bis zum Austritt
aus dem Spacer, und bei 50 mA bis zum Ende ausgeführt. Das Pflanzenmaterial wurde mit flüssigem Stickstoff eingefroren und anschließend in einem Puffer homogenisiert (Pufferzusammensetzung:
Tris pH 7.7, 10^{-3} Cystein, 10^{-3} EDTA, 10^{-3} Mercaptoäthanol).
Nach 15 minütiger Zentrifugation in einer gekühlten Zentrifuge
bei 20 x 10^3 rpm wurde der Überstand mit Aceton gefällt. Die
Acetonfällung wurde im Spacergel aufgenommen. Für die Elektrophorese wurde mit einem Spacergel (pH 6.9) und einem 7.5%igen
Trenngel (pH 8.3) nach Maurer (1971) gearbeitet.

Die Färbung der Malatdehydrogenase erfolgte nach Brewer (1970)
mit einem Medium bestehend aus O.1 M Tris (pH 7.O), O.2 M Malat,
O.OO1 M NAD, O.163 mM Phenazinmethosulfat, O.43 mM NBTetrazolium.

Für die Proteinfärbung wurde das Gel 30 min in 12.5%iger TCA fi-
xiert und anschließend in einem Gemisch, das aus 1 Teil 1%iger
Coomassiie Blue R 250 und 19 Teilen 12.5%iger TCA bestand,
45 min inkubiert (Maurer 1971).

<u>Enzymbestimmungen</u>: Für die in-vitro-Bestimmungen wurden Blätter
zehn Wochen alter Pflanzen mit flüssigem Stickstoff eingefroren
und mit einem Tris-HCl-Puffer (pH 7.5, O.025 M) ohne sonstige
Zusätze homogenisiert. Nach 20 minütiger Zentrifugation bei
30.000 g wurde der Überstand durch Sephadex G25 filtriert und
das Eluat als Enzymquelle benützt. Für die Messung der Enzymaktivität in vivo wurden Pflanzen aus der Wasserkultur (4 Wochen
Kulturdauer) in derselben Weise geerntet, aber in einem Tris-HCl-
Puffer unter Zusatz von 2×10^{-3} M Cystein, 10^{-3} M Na-EDTA und
2 g Polyclar AT (Serva Heidelberg) je g Pflanzenmaterial homogenisiert. Dieser Puffer gewährleistete eine volle Aktivität nach
der Homogenisation.

Die Malatdehydrogenase (MDH. E.C.1.1.1.37) wurde mit Oxalacetat
als Substrat nach Wakiuchi et al. (1971), Glucose-6-Phosphat-
Dehydrogenase (G6P-DH. E.C.1.1.1.49) und Isocitratdehydrogenase
(ICDH. E.C.1.1.1.41) nach Bergmeyer (1970), aber ohne Mg resp.
Mn im Inkubationsmedium und während der in-vitro-Versuche mit
einem Tris-HCl-Puffer (pH 7.7, O.025 mM) bestimmt. Die Aktivität der Nitratreduktase (NR. E.C.1.6.6.2) wurde durch den Umsatz
von Nitrat zu Nitrit bestimmt (Austenfeld 1974), aber für das in-
vitro-Experiment wurde der Phosphatpuffer durch einen Tris-HCl-
Puffer (pH 7.7, O.025 mM) ersetzt. Alle Schwermetalle wurden im
in-vitro-Versuch als Sulfat in das Inkubationsmedium gegeben.

<u>Stickstoff-, Nitrat- und Proteinbestimmungen</u>: Für die Gesamt-
stickstoffbestimmungen wurden die Pflanzen bei 60°C getrocknet,
in einer Culatti-Mühle gemörsert und 40 mg Trockensubstanz ohne
Zusatz von CuO im Stickstoff-Schnellbestimmungsautomaten Mikro-
Rapid-N nach Merz (1970) mit zugeschaltetem Nachbrenner im O_2-
Strom verbrannt.

Nitratstickstoff wurde nach Balks & Reekers (1954) colorimetrisch
bestimmt.

Für die Proteinstickstoff-Bestimmungen wurde ca. 5 g Frischmate-
rial mit Tris-Puffer (O.O5 M, pH 7.7) gemörsert und anschließend
bei 20×10^3 rpm zentrifugiert. Der Überstand wurde mit 10%iger
TCA im Verhältnis 1:1 das lösliche Protein (24 h) gefällt. Der
Rückstand der Zentrifugation wurde 24 Stunden mit Wasser extra-
hiert, anschließend getrocknet und der unlösliche Proteinstick-
stoff nach dem oben angegebenen Verfahren automatisch bestimmt.
Der Rückstand der Fällung wurde mit 5%iger TCA und anschließend
mit Aceton gewaschen, getrocknet und ebenfalls direkt im O_2-
Strom verbrannt.

<u>Schwermetallbestimmungen</u>: Die Schwermetalle wurden nach nasser
Veraschung des Pflanzenmaterials in $HNO_3/HClO_4$ atomabsorptions-
spektrofotometrisch bestimmt.

<u>Analyse der organischen Säuren</u>: Enzymatische Malatbestimmung:
Das Pflanzenmaterial wurde mit kalter $HClO_4$ (O.4 M) gemörsert,

10 min bei 20 x 10^3 rpm zentrifugiert, der Überstand mit K_2CO_3
neutralisiert und die Absorptionszunahme bei der Umsetzung von
NAD^+ zu $NADH_2$ bei 340 nm im Spektralfotometer nach Bergmeyer
(1970) gemessen. Die qualitative und quantitative gaschromatografische Bestimmung der wasserlöslichen organischen Säuren erfolgte an den Methylderivaten der Säuren in einer Glaskolonne,
gefüllt mit Diäthylenglycoladipat in einem Hewlett-Packard 5750B
mit Flammenionisationsdetektor nach Mensen de Silva (1971).

C. Ergebnisse und Diskussion

I. Schwermetallresistenzeigenschaften von pflanzlichen Enzymen

1. In-vitro-Untersuchungen

__Malatdehydrogenase__: Die Malatdehydrogenase (MDH), welche die Reaktion

$$\text{Malat} + \text{NAD}^+ \rightleftharpoons \text{Oxalacetat} + \text{NADH}^+ + \text{H}^+$$

katalysiert, spielt im Stoffwechsel der Zellen eine zentrale Rolle. Das Enzym kommt zwar meistens in einer Reihe von Isoenzymen in den Pflanzen vor, die allerdings während des Wachstums und der Entwicklung der Pflanzen kaum eine qualitative Veränderung erfahren (Longo & Scandalios 1969, Rocha & Ting 1970, O'Sullivan & Wedding 1972) und sich deshalb für unsere Fragestellung besonders gut eignen.

Die Resultate der Untersuchung von MDH-Isoenzymen in ungekeimten Samen von verschiedenen Populationen von Silene cucubalus sind in Abb. 1 zusammengestellt. Fünf Isoenzyme sind in allen untersuchten Populationen vorhanden. Populationen mit geringer Enzymaktivität (Mt. Aravis) haben eine niedrigere Anzahl von Isoenzymen als Populationen mit hoher Aktivität (Silberberg, Langelsheim), in denen bis zu 8 Isoenzyme gefunden wurden. Diese Abhängigkeit der Muster von der Aktivität stimmt mit Befunden an Baumwollblättern überein (O'Sullivan & Wedding 1972).

Diese Relation von Aktivität und Anzahl von Isoenzymen bleibt auch in den Blättern der Pflanzen erhalten (Abb. 2). Ferner geht aus Abb. 2 hervor, daß bei Pflanzen derselben Art die einzelnen Populationen, die gegenüber Schwermetallen unterschiedlich resistent sind, nach Zufütterung von Schwermetallen Veränderungen im Isoenzymmuster aufweisen. So sind z.B. in der nicht-schwermetallresistenten Population Brochterbeck bei gleicher Aktivität des Isoenzyms G die Isoenzyme C und D im Zymogramm nicht mehr nachzuweisen, während in der zinkresistenten Population Blankenrode unter Zinkeinfluß das Isoenzym C erst eine höhere Aktivität anzeigt. Inwieweit hier eine Inaktivierung resp. Aktivierung durch Zink vorliegt und damit die Befunde mit denjenigen an Bohnen nach Puccinia-Infektion vergleichbar sind (Stamples & Stahmann 1963), kann aus diesen Zymogrammen nicht direkt geschlossen werden.

Darum war es notwendig, die Aktivität der MDH in Blattextrakten über den enzymatischen Test zu vergleichen. Um Interaktionen von Schwermetallen mit den Enzymen vor Versuchsansatz auszuschließen, wurden diese in-vitro-Untersuchungen nur an Pflanzen aus schwermetallarmen (d.h. normal mit Schwermetallen versorgten Medien) durchgeführt. Erst im Enzymansatz wurden die Schwermetalle zugesetzt. Die Ergebnisse für die Malatdehydrogenase sind in Tab. 1 zusammengefaßt. Obgleich die Pflanzen sehr verschiedene Grade von Schwermetallresistenz besitzen, konnten bezüglich der Schwermetallresistenz der MDH weder in Blättern noch in Wurzeln populationsspezifische Schwermetalleigenschaften gefunden werden. Die kupfer- und zinkresistenten Pflanzen besitzen eine Malatdehydrogenase mit derselben Schwermetallempfindlichkeit in vitro wie die nicht-schwermetallresistente Population Brochterbeck. Verglichen mit der protoplasmatischen Schwermetallresistenz nichtresistenter Populationen ist die Schwermetallempfindlichkeit der MDH noch so hoch, daß dieses Enzym für die Resistenzgrenze der nicht-schwermetallresistenten Pflanzen nicht der limitierende Faktor sein kann, wohl aber für die Zinkresistenz der Zinkpopulationen.

<u>Tab. 1</u>: Schwermetallkonzentrationen, (mM Me), die die Aktivität der Malatdehydrogenase aus Blättern und Wurzeln von unterschiedlich schwermetallresistenten Populationen von Silene cucubalus in vitro um 50 % reduzieren

Population	Resistenz	Blätter		Wurzel	
		Zn (mM)	Cu (mM)	Zn (mM)	Cu (mM)
Brochterbeck	---	1.46	0.38	1.50	0.37
Blankenrode	Zn	1.40	0.38	1.52	0.40
Marsberg	Cu	1.46	0.39	1.48	0.40
Langelsheim	Zn,Cu	1.43	0.38	1.51	0.39

Da die MDH aller Populationen in derselben Weise gegenüber den einzelnen Schwermetallen reagiert hat, ist die spezifische Schwermetallempfindlichkeit gegen eine Reihe weiterer Schwermetalle getestet worden (Abb. 3). MDH ist besonders empfindlich gegen Kadmium und Kupfer, hingegen relativ unempfindlich gegenüber Kobalt und Mangan. Aufgrund der bekannten Aktivierung durch Mangan (Vennesland et al. 1949) ist der Befund für dieses Schwermetall nicht verwunderlich, hingegen ist eine Ko-Aktivierung durch Kobalt bisher unbekannt.

<u>Isocitrat-Dehydrogenase</u>: Isocitrat-Dehydrogenase (ICDH), als Ausgangssubstrat aktiviertes Enzym, katalysiert im Tricarbonsäurezyklus den Schritt zur Oxalbernsteinsäure. Für dieses Schlüsselenzym sind in keiner der schwermetallresistenten Populationen von Silene cucubalus Anzeichen einer besonderen Resistenz entdeckt worden (Tab. 2).

<u>Tab. 2</u>: Kupfer- und Zinkkonzentrationen (mM Me), die zu einer Verminderung der Aktivität der Isocitrat-Dehydrogenase um 50 % in den Blättern und Wurzeln unterschiedlich schwermetallresistenter Populationen von Silene cucubalus führen.

Population	Resistenz	Blätter		Wurzel	
		Zn (mM)	Cu (mM) M	Zn (mM)	Cu (mM)
Brochterbeck	---	0.17	0.42	0.16	0.44
Blankenrode	Zn	0.17	0.40	0.15	0.44
Marsberg	Cu	0.16	0.40	0.15	0.44
Langelsheim	Zn,Cu	0.16	0.42	0.15	0.44

Im veigieich zur maidtdenydrogenase wirkt das Zink bei diesem
Enzym stärker aktivitätsvermindernd als das Kupfer. Während die
Empfindlichkeit gegen Kupfer um den Faktor 100 über der proto-
plasmatischen Kupferresistenz Cu-intoleranter Pflanzen und im
Bereich derjenigen des Kupferökotyps liegt, bleibt die Zinkre-
sistenz dieses Enzyms in vitro unter der protoplasmatischen
Zinkresistenz von Zinkökotypen.

Für die allgemeine Charakterisierung der ICDH gegenüber Schwermetallen (Abb. 4) fällt die relativ hohe Verträglichkeit in vitro
gegenüber Kobalt und Kadmium auf, die darauf hinweist, daß durch
Kadmium bedingte Stoffwechselschäden des Tricarbonsäurezyklus
erst an späterer Stelle auftreten müssen (Miller et al. 1973).
Die maximale Aktivität entfaltete die ICDH bei 40 mM Mangan. Damit bestätigen sich die Befunde anderer Autoren, die es als Mangan stimuliertes Enzym ausgewiesen haben (Kornberg & Pricer
1951). Allerdings sind die bisher verwandten Mangankonzentra-
tionen (1 mM $MnCl_2$) bei der Charakterisierung der Enzymaktivität (Bergmeyer 1970, Wakiuchi et al. 1971) absolut unzureichend.
Die starke Stimulation durch Zink (Northrop & Cleland 1970)
konnte nicht bestätigt werden. Wurde Mangan zusammen mit anderen
Schwermetallen getestet, dann wurde allein die absolute Aktivität, nicht aber der relative Aktivitätsverlust beeinflußt.

Insgesamt kann festgestellt werden, daß die von Horii et al.
(1956) in kupfertolerantem Mycobacterium tuberculosis avium und
die von Murayama (1961) in kupfertolerantem Saccharomyces cere-
visiae entdeckte Evolution kupferresistenter Enzyme des Tricarbonsäurezyklus zumindest in den hier untersuchten Angiospermen
nicht stattgefunden hat.

Glucose-6-phosphat-dehydrogenase: Dieses Enzym ist das Eingangs-
enzym zum Pentosephosphatzyklus, dem in höheren Pflanzen durch
die Bereitstellung von $NADPH^++H^+$ große Bedeutung zukommt. Aus
diesem Grunde ist die Schwermetallresistenzeigenschaft dieses
Enzyms von besonderem Interesse. Aber ebenso wie bei den Enzymen
des Tricarbonsäurezyklus ergibt sich auch hier eine nicht-popu-
lationsspezifische Hemmung der Aktivität der G6P-DH durch Schwermetalle (Tab. 3), dafür aber wieder eine ausgeprägte Elementspe-
zifität. So ist die Beeinträchtigung durch Kupfer um das 350-fa-
che größer als durch Zink.

Tab. 3: Kupfer- und Zinkkonzentrationen (mM Me) mit 50%iger Ak-
        tivitätsverminderung der Glucose-6-phosphatdehydrogenase
        aus Blättern und Wurzeln unterschiedlich schwermetallre-
        sistenter Populationen von Silene cucubalus

Population	Resistenz	Blätter		Wurzeln	
		Zn (mM)	Cu (mM)	Zn (mM)	Cu (mM)
Brochterbeck	---	0.35	0.001	0.35	0.001
Blankenrode	Zn	0.36	0.001	0.37	0.001
Marsberg	Cu	0.35	0.001	0.35	0.001
Langelsheim	Zn,Cu	0.34	0.001	0.34	0.001

Von den anderen Schwermetallen hemmt Kadmium die G6P-DH-Aktivität in stärkerem Maße als Zink und Nickel (Abb. 5), während Kobalt indifferent wirkt. Die schwache Aktivitätserhöhung im Bereich von 1.0 bis 2.0 mM Mangan steht im Einklang mit den Befunden von McNair-Scott & Cohen (1953).

<u>Nitratreduktase</u>: Für Pflanzen basischer Böden, wie in Blankenrode, Marsberg und Brochterbeck, liegt der pflanzenverfügbare Stickstoff fast ausschließlich als Nitrat vor, so daß die gesamte Proteinsynthese nur via Nitratreduktase starten kann. Die Nitratreduktase als SH-Enzym erweist sich in den untersuchten Populationen von Silene cucubalus als außerordentlich sensitiv gegen Kupfer und Zink. Das Enzym verliert bereits bei 0.006-0.007 mM Zn und 0.0006-0.0007 mM Cu 50 % seiner Aktivität. Auch gegenüber den anderen Schwermetallen ist es sehr empfindlich (Abb. 6), lediglich im Bereich von 0.01 mM Mn kann seine Aktivität über einen kleinen Konzentrationsbereich noch gesteigert werden. Insgesamt gilt aber auch für dieses Enzym, daß eine mit der Schwermetallresistenzeigenschaft des Plasmas gekoppelte Resistenz des Enzyms selbst nicht vorliegt.

2. In-vivo-Untersuchungen

Um die offensichtliche Diskrepanz zwischen dem Fehlen schwermetallresistenter Enzyme in schwermetalltoleranten Pflanzen <u>in vitro</u> und der zum Teil hohen protoplasmatischen <u>in-vivo</u>-Schwermetallresistenz zu klären, soll im folgenden der Möglichkeit nachgegangen werden, inwieweit die Enzyme unterschiedlich schwermetallresistenter Populationen von Silene cucubalus in vivo auf einen Schwermetallzusatz reagieren. In durchlüfteten Wasserkulturen mit (0.4 mM Zn/l) und ohne Zinksulfatzusatz wurden Silene cucubalus-Pflanzen der drei Populationen Brochterbeck (nicht-schwermetallresistent), Blankenrode (zinkresistent) und Marsberg (kupferresistent) angezogen und nach vierwöchiger Kulturdauer die folgenden Enzyme auf ihre Aktivität getestet: Malat-, Isocitrat- und Glucose-6-phosphat-Dehydrogenase sowie die Nitratreduktase. Die Ergebnisse sind in Tab. 4 zusammengefaßt.

<u>Tab. 4</u>: Die in-vivo-Aktivität (µM Substrat/h x g Frischgewicht) einiger Enzyme in Blättern von Silene cucubalus-Populationen nach vierwöchiger Kulturdauer mit (0.4 mM) und ohne Zink (0.0 mM Zn/l) im Nährmedium

	Population					
Enzym	zinkresistent Blankenrode		kupferresistent Marsberg		nicht-resistent Brochterbeck	
	0.0 mM	0.4 mM	0.0 mM	0.4 mM	0.0 mM	0.4 mM Zn/l
MDH	2890.0	2760.0	2770.0	2830.0	3150.0	2780.0
ICDH	15.7	19.9	18.1	16.9	12.3	10.2
G6P-DH	22.4	12.4	19.3	25.8	10.3	14.2
NR	3.2	5.5	5.2	1.2	6.3	0.9

Mit Ausnahme der Malatdehydrogenase zeigen alle Enzyme eine populationsspezifische Reaktion. Die MDH hat in allen Populationen

eine fast gleichmäßig sehr hohe Aktivität (ca. 3000 µM Oxal-
acetat/h x g Frischgewicht), die durch Zink im Nährmedium lediglich in der nicht-schwermetallresistenten Population eine Beeinträchtigung von ca. 10 % erfährt. Diese Reaktion wurde bereits
im Zymogramm (Abb. 2) der MDH erkennbar. Auch im in-vitro-Re-
sistenz-Test weist dieses Enzym die höchste Zinkresistenz auf.
Es bleibt auch unter anderen mineralischen Streß-Situationen
fast unbeeinflußt (Wakiuchi et al. 1971 für Ammonium-Streß, von
Willert 1974 und Greenway & Sims 1974 für NaCl und KCl-Streß in
Halophyten).

Die Glucose-6-phosphat-Dehydrogenase wird in ihrer Aktivität im
Zinkökotyp im zinkreichen Medium um 55 % reduziert, während sie
in den nicht-zinkresistenten Populationen Marsberg und Brochterbeck stimuliert wird. Damit wird zum ersten Mal in vivo eine unterschiedliche Reaktion von Enzymen in Relation zur Schwermetallresistenz in spezifischer Form deutlich. Die geringste Aktivität
der G6P-DH fällt in jeder Population mit dem Optimum der Stoffproduktion zusammen. Deshalb muß der Aktivitätsanstieg in den
nicht-zinkresistenten Populationen als Toxizitätssymptom inter-
pretiert werden, wie es bereits bei Ammoniumtoxizität in Gurken
bekannt ist (Wakiuchi et al. 1971). Die hohe Aktivität der Zink-
ökotyp-G6P-DH im zinkarmen Medium dürfte ähnlich wie bei Kalium
als Reaktion auf eine Unterversorgung zu deuten sein (Kinzel &
Stummerer 1974).

Die beiden anderen untersuchten Enzyme erfahren beim Zinkökotyp
im zinkreichen Medium eine Steigerung ihrer Aktivität, bei den
nicht-zinkresistenten Ökotypen hingegen eine Reduktion, die mit
7 resp. 17 % für die ICDH geringer ist als die Steigerung um
27 % im Zinkökotyp. Dagegen wird die Nitratreduktase in viel
entscheidender Form durch ein zinkreiches Medium beeinflußt. Sie
erleidet einen Aktivitätsverlust um 77 % (Marsberg) resp. 86 %
(Brochterbeck) in den nicht-zinkresistenten Populationen. Dem
steht ein Aktivitätsgewinn um 72 % beim Zinkökotyp gegenüber,
der mit dem Optimum der Stoffproduktion zusammenfällt.

Vergleichen wir das Proteinmuster aus Samen unterschiedlich
schwermetall-resistenter Populationen (Abb. 7), so wird deutlich, daß die in vivo gefundenen unterschiedlichen Reaktionen
nicht auf andere Proteinstrukturen zurückzuführen sind. Das bedeutet, daß die resistenten Populationen keineswegs neue Proteine von bedeutender Quantität synthetisiert haben.

3. Diskussion

Auf dem Weg durch das Cytoplasma können die Schwermetalle eine
Reihe von Reaktionsorten finden, z.B. Cysteinyl- und Histidyl-
Seitenketten von Proteinen, Purinen, Pteridinen oder Porphyrinen.
Während Kupfer und Kadmium vornehmlich mit SH-Gruppen reagieren
(Miller et al. 1973), hat Zink eine höhere Affinität zu Carboxyl-
gruppen (Vallee & Ulmer 1972). Diese Unterschiede im Reaktions-
schema werden auch durch die vorliegenden Versuchsergebnisse be-
stätigt.

Das wesentliche Ergebnis dieser Versuche ist aber der Befund,
daß keine Evolution spezifisch schwermetallresistenter Enzyme
in schwermetalltoleranten Populationen von Silene cucubalus
stattgefunden hat. Bei einem Vergleich mit Pflanzen anderer mi-
neralischer Extremstandorte ergeben sich für die Angiospermen

ähnliche Resultate. So sind die Enzyme von Halophyten gegen NaCl
ebenso empfindlich wie diejenigen von Glykophyten (Flowers 1972,
Greenway et al. 1972, 1974, Osmond & Greenway 1972, Austenfeld
1974), wenn auch die physiologische Basis für Natriumchlorid-
und Schwermetallresistenz völlig verschieden sind (Mathys 1975).
So wird z.B. die Nitratreduktase schon durch $7x10^{-7}$ M Kupfer, hingegen erst durch 0.1 M NaCl in der Aktivität um 50 % vermindert.
Pflanzen fluorreicher Böden Afrikas haben ebenfalls keine spezifisch fluorresistenten Enzyme (Eloff & Sydow 1971), für Selen-
pflanzen stehen solche Untersuchungen noch aus. Offensichtlich
ist die Möglichkeit zur Entwicklung mineralresistenter Enzyme
auf Bakterien und Hefen (Ashida 1965, Liebl et al. 1969) beschränkt geblieben. Die in den in-vivo-Experimenten erzielten
Ergebnisse lassen den Schluß zu, daß die Schwermetallresistenz
von der Existenz intakter Zellen mit all ihren Kompartimenten
abhängig ist.

Unter diesem Aspekt müssen auch die "schwermetallresistenten"
ATPasen und sauren Phosphatasen in intakten Wurzeln schwermetallresistenter Populationen von Agrostis tenuis (Woolhouse 1969,
1970) gesehen werden. Es handelt sich in diesem Fall um das
gleiche Phänomen, in dem intakte Zellen eine Resistenz der Enzyme vortäuschen, wie sie auch bei einigen Halophyten gefunden
wurde (von Willert 1974, Greenway & Sims 1974). Vor allem können in der intakten Zelle Phosphate, AMP, ADP, ATP, Sulfhydryle
und andere Komplexbildner (Cooper & Hill-Cottingham 1974, Singh
& Bragg 1974) die Schwermetalle von der Reaktion mit den schwermetallsensitiven Strukturen der Enzyme abhalten.

Für das Verständnis der Physiologie der Schwermetallpflanzen
sind solche Verbindungen von großem Interesse. So läßt sich die
Förderung der Nitratreduktase in einer zinkresistenten Population unter dem Einfluß eines zinkreichen Nährmediums als Effekt
kompetitiver Inhibitoren deuten. Dabei ist weniger an eine Ionen-
konkurrenz für das Molybdän im NADH-NR-Komplex (für Wolfram vgl.
Notton et al. 1974) als vielmehr an einen Überschuß von Komplexoren mit hohen Stabilitätskonstanten zu denken, die dann bei geringer Zinkversorgung - nun als Folge des Zinkresistenzmechanis-
mus - zu einer verminderten Aktivität führen. Die Bedeutung sol-
cher Komplexoren ist vom Halophyt Triglochin maritimum bekannt
(Greenway & Sims 1974), wo die MDH nur in Gegenwart hoher Malatkonzentrationen die Aktivität unvermindert beibehalten kann. Im
Hinblick auf den Einsatz von Enzymen als Indikatoren minerali-
scher Streß-Situationen (Cu: Bailey & McHargue 1944; Mn: Sirkar
& Amin 1974; F: Keller & Schwager 1971, Keller 1974; Pb: Flückiger 1973) muß aufgrund dieser Befunde zur Vorsicht gemahnt werden, da in allen bisher untersuchten Fällen die Möglichkeit der
Evolution resistenter Ökotypen mit anderen enzymatischen Reaktionen nicht beachtet wurde.

II. Die Evolution der Schwermetallresistenz in Gramineen nach
    Schwermetallbelastung

Resultate und Diskussion

Von einigen Pflanzenarten ist bekannt, daß sie die Fähigkeit haben, binnen kurzer Zeiträume gegen bestimmte Schwermetalle resistent zu werden (Bradshaw et al. 1965, Briggs 1972, Wu & Bradshaw 1972, Edroma 1974, Gartside & McNeilly 1974). Innerhalb

Westfalens sind viele Standorte zu finden, in denen der Schwermetallgehalt unter dem Einfluß des Menschen beträchtlich zugenommen hat (vgl. Übersicht bei Ernst et al. 1974). Um die Auswirkungen dieser Schwermetallbelastungen auf die Selektion der Pflanzen beurteilen zu können, wurden mit Agrostis tenuis und Agrostis stolonifera zwei Arten untersucht, die in dem entsprechenden Gebiet sowohl auf "normalen" als auf "schwermetallbelasteten" Standorten anzutreffen sind. Auf diese Weise konnte die Differenzierung klimatischer Rassen außer Betracht bleiben.

Wie die Ergebnisse in Tab. 4a zeigen, ist für beide Arten unter dem Einfluß hoher Schwermetallkonzentrationen eine Änderung im Genom (vgl. Bröker 1963) durch Erwerb der Schwermetallresistenz eingetreten. Die Population aus der Nähe einer Zinkhütte hat binnen 3 bis 5 Jahren infolge der außerordentlich hohen Belastung (Ernst 1972) bereits eine Resistenz gegen Zink entwickelt. Eine ähnliche rasche Evolution für die Kupferresistenz ist von einer englischen Raffinerie bekannt (Wu & Bradshaw 1972). Unter geringerer Belastung, die bereits für Tiere toxisch sein kann (van Ulsen 1973), ist der Selektionsdruck für die Pflanzen infolge der Pufferleistung des Bodens nicht so stark, wie es u.a. das Beispiel der Hochspannungsleitungen (vgl. auch Kraal & Ernst 1975) oder der an organischem Material reichen Flußufer des Unterlaufes der Lippe (vgl. McNaughton et al. 1974) zeigen.

Tab. 4a: Index der Schwermetallresistenz in Populationen von Agrostis tenuis und Agrostis canina bei unterschiedlicher Schwermetallbelastung des Standortes im Wurzelwachstumstest n. Wilkins (1960). Der Resistenzindex ist der Quotient aus Wurzellängenzuwachs im schwermetallreichen Medium und schwermetallarmen Medium (Basisnährlösung). Höhe der Schwermetallbelastung der Standorte in Ernst et al. (1974). Zinkreich = 0.1 mM/l; kupferreich = 0.01 mM/l. Versuchsdauer: 3 Wochen.

Art und Population	Zinkresistenz-index	Kupferresistenz-index	Ursache der Belastung
Agrostis tenuis Sibth.			
Blankenrode	0.97	0.14	Zinkhalden (12.Jh.)
Langelsheim	0.82	0.52	Bergbau (12.Jh.)
Marsberg	0.23	1.21	Cu-Halden (12.Jh.)
Littfeld	0.77	0.25	Bergbau (18.Jh.)
Lüdinghausen	0.30	0.10	-------
Datteln	1.17	0.14	Zink-Industrie
Sauerland	0.24	0.08	Kupfer-Industrie
Ede	0.26	0.03	Hochspannung-Cu
Agrostis canina L.			
Littfeld	0.81	0.20	Bergbau (12.Jh.)
Witten	0.20	0.09	-------
Dortmund	0.38	0.13	Rieselfelder
Waltrop (Lippe)	0.29	0.10	Rieselfelder
Vlotho (Weser)	0.30	0.12	diverse

Diese Befunde machen deutlich, daß eine Schadbeurteilung durch
Schwermetalle an Pflanzen mit Hilfe von Enzymtesten (Flückiger
1973, Keller 1974) nur bei gleichzeitiger Untersuchung der Resistenzeigenschaften möglich ist.

III. Schwermetallresistenz und Stickstoffgehalt

Da die Nitratreduktase als Schlüsselenzym des Stickstoffmetabo-
lismus in vivo unter Schwermetallzusatz im Nährmedium eine spezifische Reaktion gemäß der protoplasmatischen Resistenzeigen-
schaft der Pflanzen ergeben hat, erscheint uns eine weitere Untersuchung des N-Stoffwechsels naheliegend. Die NR ist ein Enzym,
das nicht nur eine hohe Erneuerungsrate besitzt (Zielke & Filner
1971), sondern vor allem durch das Ausgangsprodukt, das Nitrat,
induziert und nach der Induktion durch die Nitratkonzentration
moduliert werden kann (Beevers et al. 1965, Janiesch 1973,
Higgins et al. 1974). Bevor der Einfluß des Zinks auf dieses
Enzym weiter getestet werden kann, ist es notwendig, die Modu-
lation durch das Nitrat selbst zu analysieren.

Eine Erhöhung des Nitratangebotes im Nährmedium führt unmittel-
bar zu einer Steigerung der Enzymaktivität aller Populationen
von Silene cucubalus (Tab. 5). Die zinkresistente Population von
Blankenrode erreicht bei 10 mM Nitrat im Nährmedium ihr Optimum.
Der nicht-zinkresistente Ökotyp aus einer schwach nitro- und
thermophilen Saumgesellschaft in Brochterbeck erfährt dagegen
noch bei 20 mM Nitrat eine Steigerung der Nitratreduktase-Akti-
vität, deren maximaler Wert (8.4 μM NO_2/h x g Frischgewicht) dop-
pelt so hoch ist wie derjenige der zinkresistenten Pflanzen.
Hierin kann eine gewisse Anpassung an die meist stickstoffärme-
ren, durch den Bergbau gestörten Schwermetallböden liegen (Ernst
1974). Hinsichtlich der in den Blättern gespeicherten Nitratmen-
gen gibt es weder ernährungs- noch populationsspezifische Unterschiede.

Tab. 5: Einfluß steigender Nitratgaben auf die Nitratreduktase
        (NR)-Aktivität und den Nitratgehalt (mg NO_3/g Trocken-
        gewicht) in den Blättern einer zinkresistenten (Blanken-
        rode) und einer nicht-schwermetallresistenten (Brochter-
        beck) Population von Silene cucubalus nach vierwöchiger
        Kulturdauer

NO_3-Gehalt im	NR-Aktivität (μM NO_2/gxh)		NO_3-Gehalt	
Medium (mM/l)	Blankenrode	Brochterbeck	Blankenrode	Brochterbeck
2	2.24	3.57	12.82	14.74
5	3.02	5.67	14.41	14.92
10	4.16	6.85	13.91	12.86
20	3.92	8.42	12.94	13.75

Bei gleichem Nitratgehalt in den Pflanzen führt die vermehrte
Aktivität der Nitratreduktase zu einer höheren Stoffproduktion
der nicht-resistenten Populationen (Tab. 6), die darum auf
schwermetallarmen Böden durch bessere intraspezifische Konkurrenz die resistenten Ökotypen unterdrücken können.

<u>Tab. 6</u>: Einfluß der Nitratmengen im Nährmedium auf die Produktion an Blattmasse (g Frischgewicht/Pflanze) einer Zinkökotype (Blankenrode) und einer nicht-schwermetallresistenten Population (Brochterbeck) von Silene cucubalus nach vierwöchiger Kulturdauer

| NO_3-Gehalt im | Produktion an Blattmasse | |
Medium (mM/l)	Blankenrode	Brochterbeck
2	2.0	11.7
5	2.9	14.0
10	3.5	16.7
20	3.0	18.9

Für die Untersuchung des Einflusses des Zinks auf die NR-Aktivität in vivo, wurde eine Wasserkultur bei 5 mM Nitrat und gestaffelten Zinkgaben mit einer zinkresistenten (Blankenrode), einer kupferresistenten (Marsberg) und einer nicht-schwermetallresistenten (Brochterbeck) Population von Silene cucubalus durchgeführt (Tab. 7). Bereits Konzentrationen von 0.2 mM Zn verursachten eine Verminderung der NR-Aktivität von 62 % resp. 67 % in den nicht-zinkresistenten Pflanzen aus Marsberg und Brochterbeck; selbst 0.1 mM Zn führt in der letztgenannten Population zu einem leichten Aktivitätsrückgang. Hingegen erreicht die NR des Zinkökotyps erst bei 0.4 mM Zn seine maximale Aktivität. Erst bei 1.6 mM Zn liegt dieser Wert unter demjenigen der Zinkmangelgruppe.

<u>Tab. 7</u>: In-vivo-Aktivität der Nitratreduktase (μM NO_2/g x h) in den Blättern von unterschiedlich schwermetallresistenten Populationen von Silene cucubalus bei gestaffelten Zinkgaben (als $ZnSO_4$) im Nährmedium nach 4 Wochen

| Zn-Gehalt im | NR-Aktivität | | |
Medium (mM/l)	zinkresistent Blankenrode	kupferresistent Marsberg	nicht-resistent Brochterbeck
0.0	3.2 ± 0.2	5.2 ± 0.3	6.3 ± 0.3
0.1	3.4 ± 0.1	5.0 ± 0.3	5.1 ± 0.4
0.2	3.9 ± 0.0	2.0 ± 0.2	2.1 ± 0.5
0.4	5.5 ± 0.3	1.2 ± 0.0	0.9 ± 0.1
0.8	4.5 ± 0.4	-	-
1.6	2.6 ± 0.4	-	-

Diese Beeinträchtigung der NR-Aktivität durch höhere Zinkgaben findet sich in einer vermehrten Nitratspeicherung in den Blättern der nicht-zinkresistenten Populationen zurück. In einem Bereich bis zu 0.3 mM Zn enthalten der Zinkökotyp und die nicht-zinkresistenten Pflanzen 14.4 ± 0.4 resp. 14.7 ± 1.9 mg NO_3/g Trockengewicht (TG). Bei 0.6 mM Zn nimmt der Nitratgehalt infolge vermehrter NR-Aktivität im Zinkökotyp auf 12.9 ± 0.1 mg NO_3/g TG ab, während er in den nicht-zinkresistenten Pflanzen fast auf das Doppelte (26.2 mg NO_3/g TG) ansteigt.

Die Erhöhung des Nitratgehaltes ist mit einer Verminderung vor
allem der unlöslichen Proteinmengen in den nicht-zinkresistenten Populationen gekoppelt (Tab. 8), während im Zinkökotyp auch
bei erhöhten Zinkgaben keine nennenswerten Konzentrationsver-
schiebungen festzustellen sind.

<u>Tab. 8</u>: Einfluß von Zink (0.6 mM Zn/l) auf den Gesamtstickstoff
sowie den löslich und unlöslich gebundenen Proteinstick-
stoff in unterschiedlich schwermetallresistenten Populationen von Silene cucubalus. Alle Werte sind in mg N/g
Trockengewicht angegeben

Organ	Stickstoff-Fraktion	zinkresistent Blankenrode		kupferresistent Marsberg		nicht-resistent Brochterbeck	
		0.0	0.6	0.0	0.6	0.0	0.6 mM Zn
Blätter	Gesamt-N	53.14	49.72	40.03	45.67	47.58	54.10
	lösl. Protein-N	16.00	11.20	12.23	11.84	8.99	11.52
	unlösl. Protein-N	21.63	24.27	21.91	17.82	22.45	14.48
Stengel	Gesamt-N	28.74	34.21	35.70	34.89	32.95	28.93
	lösl. Protein-N	11.72	7.44	7.00	6.10	6.23	6.60
	unlösl. Protein-N	8.72	8.91	6.74	7.79	9.14	8.13
Wurzel	Gesamt-N	31.82	28.14	34.97	26.80	32.91	25.97
	lösl. Protein-N	4.64	3.84	4.53	6.81	5.27	3.10
	unlösl. Protein-N	18.92	14.71	20.81	18.92	20.37	12.24

Diskussion

Die Untersuchungen haben gezeigt, daß die nicht-zinkresistenten
Populationen von Silene cucubalus Beeinträchtigungen im Stick-
stoffhaushalt bei höheren Zinkgaben im Nährmedium erfahren, die
sich mindernd auf die Stoffproduktion auswirken. Dagegen ist der
Zinkökotyp auf zweierlei Weise angepaßt: Die Nitratreduktase erreicht erst bei höheren Zinkkonzentrationen des Substrates ihr
Optimum, ohne daß es vorher zu Störungen im Stickstoffmetabolis-
mus infolge von Zinkmangel (Hoagland 1944) kommt. Der Stickstoff-
haushalt des Zinkökotyps zeigt keine Reaktion auf die Zinkbela-
stung im Gegensatz zu Halophyten nach Salzstreß (Noel 1968,
Langlois 1969, 1971) oder aluminiumresistenten Pflanzen nach
Al-Düngung (Klimaševky & Berezovsky 1973).

Für die Charakterisierung der physiologischen Basis der Schwermetallresistenz weisen die Experimente auf die Beteiligung von
schwermetallkomplexbildenden Metaboliten hin. Eine Änderung des
Schwefelmetabolismus, wie er in einem kupfertoleranten Stamm von
Saccharomyces durch vermehrte Bildung von Sulfhydryl und Fällung
des Kupfers als Sulfid gefunden wurde (Ashida & Nakamura 1959,
Ashida et al. 1963) konnte auch mit Hilfe elektronenmikroskopi-
schen Techniken in Silene cucubalus nicht entdeckt werden. Die
Bildung von stabilen Metalloproteinen (vgl. Ballentyne & Stevens
1951, Ballentyne 1953, Bühler & Kägi 1974) wird in der letzten
Zeit auch für schwermetallresistente Organismen diskutiert
(Reilly 1972 für die Labiate Becium homblei, Uchida et al. 1973
und Tokuyama & Asano 1974 für Bakterien). Doch haben Peterson
(1969), Reilly & Reilly (1973) und Ernst (n.p.) solche Komplexe

18

in zinktoleranten Pflanzen vergeblich gesucht. Auch Gomah & Davies (1974) finden als aktive Liganden des Zinks weder Valin, Alanin, Methionin, Asparagin noch Glutamin. Wenn vor allem aufgrund der unterschiedlichen Stabilitätskonstanten von Zink resp. Kupfer mit Aminosäuren und Peptiden eine Diskriminierung im Protoplasten zwischen Kupfer und Zink möglich sein soll, dann müssen die Populationen unterschiedliche Mengen an Aminosäuren, vor allem Cystein und Cystin produzieren, um sie im Plasma als Komplexoren einsetzen zu können. Solche Unterschiede im Aminosäuremetabolismus kommen zwar unter Wasserstreß (Barnett & Naylor 1966, Hubac & Guernier 1972, Singh et al. 1972, Chu et al. 1974) und unter Salzstreß (Goas 1965, Stewart & Lee 1974) zustande, doch bleibt die Bedeutung auf die Regelung der Hydratur beschränkt und hat keinen protektiven Effekt auf die Enzyme (Stewart & Lee 1974). Aufgrund der hohen Stabilitätskonstanten von Kupferkomplexen ist die Ableitung einer spezifischen Schwermetallresistenz aber schwierig. Darum müssen noch weitere Bereiche des Stoffwechsels eine entscheidende Veränderung erfahren, wie sie z.B. in der Meeresalge Dunaliella realisiert sind (Borowitzka & Brown 1974), wo Glycerol in Gegenwart hoher Salinität die Aktivität der Enzyme aufrechterhält. Auch auf den positiven Einfluß hoher Malatkonzentrationen auf die Aktivität der MDH unter Salzstreß (Greenway & Sims 1974) sei hier noch einmal erinnert.

IV. Schwermetallresistenz und organische Säuren

Einer der Wege der Bildung schwermetallreicher Verbindungen ist die Metabolisierung der Schwermetalle durch den Einbau in spezifisch mineralreiche Verbindungen, wie sie in Pflanzen fluorreicher oder chromreicher Böden in Form von Fluorazetat resp. Trioxalatchromat (Peters 1954, de Oliveira 1963, Preuss et al. 1970, Lyon et al. 1969a,b) vorkommen. Dabei schaffen im Hinblick auf die schwermetallspezifischen Resistenzeigenschaften die sehr unterschiedlichen Stabilitätskonstanten für diverse Metallo-Organverbindungen (Chem. Soc. 1964) sehr günstige Ausgangsbedingungen.

1. Resultate

a) Allgemeine Säurespektren der untersuchten Arten

Die gaschromatografische Analyse organischer Säuren in den Organen unterschiedlich schwermetallresistenter Populationen von Silene cucubalus, Silene nutans, Agrostis tenuis und Thlaspi alpestre hat innerhalb der Arten keine qualitativen, wohl aber quantitative Unterschiede ergeben (Abb. 8). Wie nach den Befunden von Nierhaus (1970), Nierhaus & Kinzel (1971) und Lew (1974) zu erwarten, sind die Oxalsäure in Silene nutans, die Apfelsäure in Agrostis tenuis und beide Säuren in Silene cucubalus die dominierenden organischen Säuren.

Da die Oxalsäure in Gegenwart von viel Calcium in das unlösliche Calciumsalz überführt wird, soll zunächst einmal der Säurespiegel von Silene cucubalus aus einer calciumarmen Torferdekultur verglichen werden (Tab. 9). Die kupferresistente Population von Marsberg enthält unter diesen Bedingungen fast dreimal soviel Oxalsäure wie die zinkresistente Population von Blankenrode und viermal soviel wie die nicht-resistente Population von

Brochterbeck. Gleichzeitig ist der Gehalt an Apfelsäure in der
zinkresistenten Population auffallend höher als in den nicht-
zinkresistenten Pflanzen.

Tab. 9: Gehalt an wasserlöslichen organischen Säuren in Blättern
und Wurzeln von drei Populationen von Silene cucubalus
nach achtwöchiger Kultur in einer calciumarmen Torferde.
Alle Werte in µM/g Frischgewicht

organische Säure	Organ	zinkresistent Blankenrode	kupferresistent Marsberg	nicht-resistent Brochterbeck
Oxalsäure	Blatt	22.24	63.50	14.60
	Wurzel	1.44	2.27	1.07
Apfelsäure	Blatt	11.25	1.94	4.70
	Wurzel	1.06	0.63	0.76
Bernsteinsäure	Blatt	0.22	0.17	0.26
	Wurzel	0.01	0.01	0.01
Malonsäure	Blatt	0.29	1.71	0.63

Bevor der Einfluß der Schwermetalle auf den Metabolismus der organischen Säuren untersucht werden kann, ist noch der für diese
meist von kalkreichen Böden stammenden Populationen wichtige
Einfluß eines calciumreichen Substrates auf das Säuremuster festzustellen. Denn Kinzel (1963) hat in allen Caryophyllaceen auf
Silikatboden freie Oxalsäure gefunden, auf Kalkboden hingegen
nur in wenigen Gattungen. Unsere Ergebnisse (Tab. 10) können diese Resultate für alle Populationen von Silene cucubalus bestätigen. Insgesamt wird in einem kalkreichen Medium der Gehalt an
freier Oxalsäure in den Pflanzen stark reduziert, doch bleibt
auch hier noch das populationsspezifische Muster bestehen. Diese
substratbedingte Veränderung trifft auch auf die Apfelsäure und
Malonsäure, hingegen nicht für die Bernstein- und Fumarsäure zu.

Tab. 10: Gehalt an wasserlöslichen organischen Säuren in den
Blättern von fünf Populationen von Silene cucubalus
mit unterschiedlicher Schwermetallresistenz nach achtwöchiger Kultur in einem calciumreichen Sand. Alle Werte in µM/g Frischgewicht von Blättern des 5. bis 10.
Wirtels.

Organische Säure	zinkresistent Blankenrode	Cu-resistent Marsberg	Zn-Cu-resistent Langelsheim	nicht-resistent Brochter-beck	nicht-resistent St.Leon-hard
Oxalsäure	5.56	6.62	14.10	4.69	1.28
Apfelsäure	6.27	3.09	1.10	4.19	1.40
Bernstein-säure	0.19	0.12	0.10	0.25	0.35
Malonsäure	0.28	0.09	0.23	0.23	0.30
Fumarsäure	0.05	0.06	0.01	0.05	0.01

Weiterhin ist zu beachten, daß ähnlich wie bei der Schwerme-
tallaufnahme (Ernst 1974) erhebliche Altersgradienten an organischen Säuren auftreten können (Commanay & Cavalié 1968). Diese altersabhängige Anreicherung resp. Verarmung an organischen
Säuren ist in den untersuchten Populationen von Silene cucubalus
besonders deutlich für das Malat und das Oxalat ausgeprägt
(Tab. 11), indem die ältesten Blätter die höchsten Konzentrationen an Oxal- und Apfelsäure sowie auch an Malonsäure aufweisen. Aufgrund des für die diversen Analysen notwendigen Materials
sind in allen weiteren Untersuchungen immer das 5. bis 10. voll
entfaltete Blattpaar verwandt worden.

Tab. 11: Oxalsäure-, Apfelsäure- und Malonsäuregehalt in unterschiedlich alten Blattpaaren von Silene cucubalus, Population Blankenrode, nach vierwöchiger Wasserkultur.
Alle Werte in µM Säure/g Frischgewicht

Blattpaar	Oxalsäure	Apfelsäure	Malonsäure
unentfaltete Blätter	13.65	0.27	0.003
2. und 3. Blattpaar	30.30	2.00	0.010
4. bis 6. Blattpaar	31.40	2.44	0.050
7. bis 10. Blattpaar	55.00	7.08	0.098
11. bis 13. Blattpaar	73.00	9.22	0.105
Sproß-Stiel	3.30	1.82	0.010
Wurzel	1.97	1.48	0.005

b) Säuremetabolismus unter Zinkeinfluß

Aufgrund der populationsspezifischen Säuremuster muß nun die
Frage geklärt werden, ob zwischen der Schwermetallresistenz und
dem Säuremuster eine Relation besteht. Der Einfluß des Zinks auf
den Malathaushalt von Silene cucubalus-Populationen sind in
Tab. 12 zusammengestellt. Unter Zinkeinfluß wird der Malatpegel
in den Wurzeln aller Populationen nur unwesentlich verändert. In
Sproß und in den Blättern sind hingegen populationsspezifische
Relationen zu erkennen. Unter Zinkstreß vermindert sich der Malatgehalt in der nicht-schwermetallresistenten Population um
33.1 bis 50.8 %, in dem Zinkökotyp um 7.9 bis maximal 18.7 %.
In der kupferresistenten Population steigt er dagegen um das
1,27- bis 2,44-fache an. Die Konzentration dieser organischen
Säure in den Stielen nimmt unter Zinkeinfluß in den Populationen
Brochterbeck und Marsberg schwach ab und verdoppelt sich nahezu
im Zinkökotyp.

Es bleibt zu klären, inwieweit die hohe und ziemlich konstant
bleibende Malatkonzentration ein typisches Symptom für die Zinkresistenz ist. Dazu wurde ein Vergleich mit anderen Pflanzenarten durchgeführt, wobei wiederum die zinkresistenten Populationen von Agrostis tenuis (Provenienzen Blankenrode und Datteln)
und von Thlaspi alpestre (Provenienz Silberberg) deutlich höhere Malatpegel aufwiesen als die nicht-resistenten Pflanzen
(Tab. 13).

Tab. 12: Malatgehalt (µM/g Frischgewicht) nach enzymatischer Bestimmung in Blättern, Sproß-Stielen und Wurzeln einer zink-, einer kupfer- und einer nicht-schwermetall-resistenten Population von Silene cucubalus mit (0.4 mM $ZnSO_4$/l) und ohne Zink (0.0) in der Nährlösung nach vierwöchiger Kulturdauer

Organ	Zink im Medium (mM/l)	zinkresistent Blankenrode	kupferresistent Marsberg	nicht-resistent Brochterbeck
Blatt	0.0	9.78 ± 0.48	1.60 ± 0.33	2.18 ± 0.32
	0.4	8.05 ± 0.60	2.77 ± 0.32	1.33 ± 0.10
Sproß-Stiel	0.0	3.52 ± 0.21	1.50 ± 0.19	0.95 ± 0.13
	0.4	6.84 ± 0.40	1.27 ± 0.22	0.86 ± 0.04
Wurzel	0.0	1.14 ± 0.21	0.76 ± 0.03	0.99 ± 0.14
	0.4	1.21 ± 0.14	0.90 ± 0.14	0.82 ± 0.10

Tab. 13: Gehalt an wasserlöslichen organischen Säuren nach gaschromatografischer Bestimmung in den Blättern unterschiedlich schwermetallresistenter Populationen von Agrostis tenuis und Thlaspi alpestre. Alle Werte in µM/g Frischgewicht

Art und Population		Oxalat	Malat	Citrat
Agrostis tenuis				
nicht-resistent	(Ede/NL)	–	0.89 ± 0.13	0.30 ± 0.05
kupfer-resistent	(Marsberg)	–	1.07 ± 0.02	0.43 ± 0.04
zinkresistent	(Blankenrode)	–	1.65 ± 0.11	0.34 ± 0.01
zinkresistent	(Datteln)	–	1.72 ± 0.15	0.20 ± 0.01
Thlaspi alpestre				
nicht-resistent	(Jura)	0.74 ± 0.07	1.90 ± 0.05	2.07 ± 0.20
zinkresistent	(Silberberg)	1.25 ± 0.09	12.84 ± 0.14	2.31 ± 0.17

c) Säuremetabolismus unter Kupfereinfluß

Wegen der höheren Toxizität des Kupfers wurde der Einfluß dieses Elementes auf den Stoffwechsel der organischen Säuren unter etwas anderen Bedingungen untersucht. Die erste Analyse wurde bereits eine Woche nach Schwermetallzusatz ausgeführt (Tab. 14). Nach Kupferzusatz im Nährmedium (0.1 mM Cu/l) bleibt ebenso wie in der Zinkreihe der Gehalt an Apfelsäure im Zinkökotyp nur gering (-11 %) herabgesetzt, der Oxalsäuregehalt ändert sich in den nicht-resistenten und in zinkresistenten Pflanzen nicht. Anders reagiert der Kupferökotyp Marsberg, indem der Malatgehalt um 56 %, der Oxalsäuregehalt um 33 % und der Citronensäuregehalt um 82 % fällt. Bezüglich des Citronensäuregehaltes reagieren alle Ökotypen mit einer Abnahme.

<u>Tab. 14:</u> Gehalt an organischen Säuren in den Blättern einer zink-, einer kupfer- und von zwei nicht-schwermetallresistenten Populationen von Silene cucubalus mit Kupfer (0.1 mM/l) und ohne Kupfer (0.0) in der Nährlösung nach einwöchiger Kulturdauer. Untersucht sind nur die ausdifferenzierten Blätter. Alle Werte in µM/g Frischgewicht des wäßrigen Extraktes. Bestimmungsmethode: Gaschromatographie

Organische Säure	Cu-Gehalt im Medium (mM/l)	zinkresistent Blankenrode	Cu-resistent Marsberg	nicht-schwermetallresistent Brochterbeck	St. Leonhard
Oxalsäure	0.0	25.30	40.15	30.87	32.22
	0.1	25.20	26.76	31.14	32.09
Apfelsäure	0.0	1.21	1.46	0.54	0.33
	0.1	1.07	0.64	0.49	0.48
Citronensäure	0.0	0.63	0.77	0.96	0.73
	0.1	0.33	0.14	0.31	0.59

Nach dreiwöchiger Kulturdauer in einer 0.1 mM kupferhaltigen Nährlösung wiesen die nicht-kupferresistenten Pflanzen deutliche Chlorosen auf, wie sie auch von Zink- und Mangantoxität bekannt sind. Im Vergleich zu den Pflanzen nach einwöchigem Kupferstreß war der Gehalt an organischen Säuren erheblich verändert (Tab. 15). Die Oxalsäuremenge (wasserlöslich) war in allen Populationen infolge vermehrter Cu-Oxalatbildung stark vermindert. Eine Korrelation mit der Kupferresistenz war nicht mehr festzustellen. Der Gehalt an Apfelsäure hatte sich in der Kontrollserie in den Populationen Marsberg, Brochterbeck und St. Leonhard auf Werte zwischen 1.36 und 2.28 µM/g Frischgewicht eingestellt. Lediglich im zinkresistenten Ökotyp ist - wie bereits aus den Zinkreihen bekannt - der Malatgehalt um das Vierfache höher als in den anderen Populationen. Unter Kupfereinfluß nahm die Konzentration dieser organischen Säure in den Populationen Blankenrode und Brochterbeck um ca. 44 % gegenüber der Kontrollreihe zu, im alpinen Ökotyp und im Zinkökotyp um 51 % resp. 8 % ab. Für die Citronensäure wurde mit Ausnahme des Zinkökotyps keine Zunahme nach dreiwöchiger Kulturdauer gefunden; unter Kupferstreß war ihre Konzentration im Zinkökotyp unverändert, in den anderen Populationen um ca. 15 bis 20 % vermindert. In allen Fällen war im Gegensatz zum Verhalten der zinkresistenten Populationen im zinkreichen Medium unter Kupfereinfluß keine eindeutige Relation zwischen der Kupferresistenzeigenschaft und Veränderungen im Säurehaushalt festzustellen; das gilt auch für die in der Tab. 15 nicht enthaltenen cis-Aconit-, α-Ketoglutar-, Fumar- und Bernsteinsäure.

Um diese unterschiedliche Reaktion des Säurestoffwechsels auf Zink- und Kupferbelastung noch besser beurteilen zu können, wurden die Untersuchungen auf eine weitere Pflanzenart ausgedehnt, nämlich auf Silene nutans mit einer kupferresistenten Population von Thalitter und einer nicht-schwermetallresistenten Population von St. Leonhard. Das Grundmuster der Säuren ist gegenüber Silene cucubalus insofern geändert, als die Citronensäure stets in

Tab. 15: Gehalt an organischen Säuren in den Blättern unterschiedlich schwermetallresistenter Populationen von Silene
cucubalus bei verschiedenem Kupfergehalt der Nährlösung
nach dreiwöchiger Kulturdauer. Alle Werte in µM/g Frischgewicht nach wäßriger Extraktion. Bestimmungsmethode:
Gaschromatographie

Organische Säure	Cu-Gehalt im Medium (mM/l)	Zn-resistent Blankenrode	Cu-resistent Marsberg	nicht-schwermetallresistent	
				Brochterbeck	St. Leonhard
Oxalsäure	0.0	5.76	8.32	8.20	7.68
	0.1	5.12	11.52	8.32	8.35
Apfelsäure	0.0	8.37	1.93	1.35	1.95
	0.1	7.68	2.28	1.94	0.96
Citronen-säure	0.0	1.92	0.80	0.73	1.04
	0.1	1.93	0.61	0.64	0.83

höheren Mengen vertreten ist und damit Parallelen zu den Befunden von Lew (1974) an Silene otites aufweist (Tab. 16). Nach Zusatz von Kupfer (0.1 mM/l) wird der Oxalsäuregehalt im Kupferökotyp wiederum deutlich vermindert (67 % in den Blättern, 53 %
in den Wurzeln), während es in der Normalform in den Blättern
schwach und in den Wurzeln mit 60 % erheblich ansteigt. Das Verhalten des Kupferökotyps von Silene nutans ist damit vergleichbar mit demjenigen von Silene cucubalus aus Marsberg, jeweils
nach einwöchiger Streßsituation. Unabhängig von der Resistenz-
eigenschaft nimmt der Malatgehalt in beiden Populationen unter
Kupfereinfluß ab. Die Citratkonzentration bleibt im Kupferökotyp
nahezu unverändert, während sie in der nicht-kupferresistenten
Population in den Blättern um das 2.7-fache erhöht und in den
Wurzeln um das 2.3-fache erniedrigt wird. Aufgrund der unterschiedlichen Anteile beider Organe an der Stoffproduktion ergibt
sich eine deutliche Erhöhung im Citronensäuregehalt im nicht-
schwermetallresistenten Ökotyp.

Nach dreiwöchiger Kulturdauer waren auch in Silene otites die
bereits aus der Silene cucubalus-Kultur bekannten Veränderungen
im Säurepegel vorhanden. Die wasserlösliche Oxalsäure nimmt in
Blättern und Wurzeln stark ab (Tab. 16), ohne einen populationsspezifischen Effekt nach Kupferstreß feststellen zu können. Die
Malatmenge ist in den Blättern des nicht-kupferresistenten Öko-
typs um 64 % vermindert, im Kupferökotyp hingegen unverändert,
während die Wurzeln beider Populationen unter Kupferdüngung eine
Zunahme im Malatgehalt zeigen.

2. Diskussion

Die Resultate der gaschromatografischen bzw. enzymatischen Bestimmung einiger organischer Säuren haben neben der bekannten
entwicklungsbedingten Zunahme des Malats (Commanay & Cavalié
1968) eine Differenzierung auf Populationsniveau erbracht, wie
sie in viel geringerem Umfang bisher allein bei Varietäten von
Phaseolus vulgaris (Caillian-Commanay & Cavalié 1973) beobachtet

Tab. 16: Gehalt an wasserlöslichen organischen Säuren in Blättern und Wurzeln einer kupferresistenten (Thalitter) und einer nicht-schwermetallresistenten (St. Leonhard) Population von Silene nutans bei unterschiedlichem Kupfergehalt der Nährlösung nach ein- resp. dreiwöchiger Kulturdauer. Alle Werte in µM/g Frischgewicht. Bestimmungsmethode: Gaschromatographie

Organische Säure	Cu-Gehalt im Medium (mM/l)	Blatt		Wurzel	
		St. Leonhard	Thalitter	St. Leonhard	Thalitter
1 Woche Kulturdauer					
Oxalsäure	0.0	26.80	136.20	3.31	9.80
	0.1	29.35	45.10	5.34	4.60
Apfelsäure	0.0	0.95	0.65	0.38	0.40
	0.1	0.24	0.02	0.20	0.02
Citronensäure	0.0	1.10	2.70	3.50	4.40
	0.1	3.00	3.00	1.50	4.50
3 Wochen Kulturdauer					
Oxalsäure	0.0	10.04	12.80	0.13	0.08
	0.1	10.31	12.87	0.15	0.09
Apfelsäure	0.0	4.80	1.28	1.27	0.48
	0.1	1.62	1.33	2.01	0.63
Citronensäure	0.0	4.01	2.63	0.18	0.83
	0.1	2.27	1.81	0.21	0.19

wurde. Die nicht-resistente Population von St. Leonhard - Silene cucubalus und Silene nutans - verhält sich nach Kupferzusatz genau wie Kartoffeln nach einer Kupferblattdüngung (Skripchenko & Nikonova 1973), indem sie mit einem Anstieg im Oxal- und Citronensäuregehalt der Blätter reagiert. Die anderen Populationen beider Arten, vor allem die Kupfer- und Zinkökotypen, zeigen nach Kupfer- und Zinkdüngung einen anderen Verlauf der organischen Säuren. Die oft betonte Korrelation zwischen Malatgehalt der Pflanzen und dem Gehalt mehrwertiger Ionen im Milieu (Torii & Laties 1966, Lüttge 1973) ist aus diesen Untersuchungen nicht abzuleiten. Der konstante Gehalt an organischen Säuren in den Wurzeln trotz erhöhter Ionenaufnahme spricht ebenso gegen die von Lüttge (1973) herausgestellte metabolische Kontrolle der Ionenbeziehungen in den Pflanzen wie die von der Ionenaufnahme unabhängige populationsspezifische Veränderung der organischen Säuren in den Blättern und Sprossen.

Um die Bedeutung der organischen Säuren als mögliche Komplexoren für Zink und Kupfer abschätzen zu können, muß zunächst eine Beziehung zum Schwermetallgehalt der Zellen hergestellt werden. Die höchste Translokation von beiden Elementen findet in den Blättern statt, wo ungünstigstenfalls 90 % des Gesamtzink- und Kupfergehaltes im Plasma und in der Vakuole lokalisiert sind. Es bedeutet, daß in Silene cucubalus maximal 12.5 µM/g

Frischgewicht zu komplexieren sind. Für Kupfer, das mit den untersuchten organischen Säuren stabilere Komplexe bildet als das Zink (Sillen & Martell 1964), wäre diese Komplexierung in allen Populationen möglich. Doch zeigt die hohe Spezifität der Schwermetallresistenz und die großen Unterschiede im protoplasmatischen Resistenztest der untersuchten Silene cucubalus und Silene nutans Populationen, daß die gefundenen Unterschiede in den organischen Säuren auf andere Weise zu interpretieren sind.

Zunächst ist als sehr auffälliges Merkmal der hohe Malatpegel der zinkresistenten Populationen von Silene cucubalus, Agrostis tenuis und Thlaspi alpestre zu beachten, der sich unter Zinkeinfluß nur unwesentlich ändert, während die anderen nicht-zinkresistenten Populationen eine völlig andere Reaktion zeigen. Der Aufbau dieses höheren Malatpegels ist unter Umständen für die Zinkresistenz das entscheidende Symptom, da diese organische Säure, wie für Salzstreß gezeigt (Greenway & Sims 1974), eine Schutzfunktion ausübt. Der Abbau des Malatpegels in den nicht-resistenten Populationen kann mit einer erhöhten Aktivität der Peroxidasen dieser Ökotypen gekoppelt sein, da dieses Phänomen auch von der Mangantoxität nicht-manganresistenter Pflanzen bekannt ist (Sirkar & Amin 1974). Gleichzeitig nimmt unter Zinkstreß in den nicht-zinkresistenten Populationen die Aktivität der ICDH ab, so daß zumindest über den Citronensäurezyklus weniger Malat angeliefert werden kann. Die Aufrechterhaltung des hohen Malatpegels, durch den auch überflutungstolerante Pflanzen gekennzeichnet sind (Crawford 1966, Crawford & Tyler 1969), ist im Gegensatz zur Hypothese von Crawford (1972) nicht an das Fehlen des Malatenzyms gebunden (Davies et al. 1974), das auch in den diversen Populationen von Silene cucubalus ausreichend vorhanden ist. Inwieweit hier noch andere Stoffwechselbereiche für den hohen Malatpegel verantwortlich sind, wird noch untersucht, zumal Baumeister (1954) sowie Baumeister & Burghardt (1956) keine Unterschiede in der Atmungsintensität von Silene cucubalus-Pflanzen mit verschiedener Schwermetallresistenz gefunden haben. Ferner muß darauf hingewiesen werden, daß solche Resistenzmechanismen sehr artspezifisch sein können. So finden Gomah & Davies (1974) für Hordeum sativum Aminosäuren als Zinkliganden, während in Vaccinium myrtillus es Catechin resp. Elagsäure sind. Unter Einfluß eines hohen Wasserstandes akkumuliert Iris pseudacorus Shikimisäure, während andere überflutungstolerante Pflanzen unter denselben Bedingungen Apfelsäure anreichern (Tyler & Crawford 1970, Crawford & Tyler 1969).

Im Gegensatz zur Bedeutung des Malats für die zinkresistenten Pflanzen zeigen die bisher untersuchten Kupferökotypen ein völlig anderes Verhalten. In kupferresistenten Pflanzen von Silene cucubalus und Silene nutans sind nach länger andauerndem Kupferstreß keine mit der Kupferresistenz korrelierbaren Veränderungen im Säurepegel festzustellen. Die anfängliche Veränderung im Oxalsäuregehalt ließe an die Bildung von Cu-Ocalat denken. Doch steht die aufgenommene Cu-Menge in keiner Beziehung zur Verminderung des Oxalsäuregehaltes. Im Gegensatz zur Bildung von Trioxalchromatkomplexen in chromreichen Pflanzen von Leptospermum scoparium (Lyon et al. 1969a,b) konnte in den Silene-Populationen kein Cu-Oxalat nachgewiesen werden. Doch sind auch noch andere Aspekte des Kohlenstoffmetabolismus möglich. So bilden Gräser, in denen allerdings echt vergleichende Untersuchungen noch fehlen, im Kupferbergbaugebiet von Armenien unter Einfluß erhöhter Kupferkonzentrationen des Bodens vermehrt Cellulose (Della-Rossa et al. 1973), mit Mangan behandelter Rumex tianschanicus Catechol

und Flavone (Pershukova & Levanidov 1973). Damit sind weitere
Ansatzpunkte für die Aufklärung der physiologischen Grundlagen
der spezifischen Schwermetallresistenz gelegt, die in der Umsteuerung des C-Metabolismus wohl ihre Ursachen haben.

Danksagung

Wir danken Frau T.F. Lugtenborg für die gute technische Assistenz
bei der Gaschromatographie und Herrn G.W.H. van den Berg, Biol.
Lab., Vrije Universiteit, für die Ausführung der Zeichnungen.

Zusammenfassung

Es wird über Untersuchungen zu den physiologischen Grundlagen
der Schwermetallresistenz berichtet, und zwar an Silene cucubalus, Silene nutans, Agrostis tenuis und Thlaspi alpestre.

Der Resistenzmechanismus basiert nicht auf der Evolution schwermetallresistenter Enzyme (Nitratreduktase, Isocitrat-, Malat-
und Glucose-6-phosphat-Dehydrogenase), wie in-vitro-Experimente
mit diesen Enzymen an Silene cucubalus-Populationen gezeigt haben. Schwermetall- und nicht-schwermetallresistente Populationen
dieser Art besitzen dieselbe Sensibilität der Enzyme gegenüber
Zink, Kupfer, Kadmium, Kobalt, Nickel und Mangan. Kupfer und Kadmium beeinträchtigen die Enzymaktivität am stärksten; die Nitratreduktase ist das empfindlichste der untersuchten Enzyme.

In-vivo-Untersuchungen hingegen erbrachten in Relation zur Schwer-
metalleigenschaft der Populationen bemerkenswerte Unterschiede in
der Enzymaktivität. Während die Nitratreduktase der nicht-zinkresistenten Populationen durch Zink nahezu inaktiviert und die Isocitratdehydrogenase in der Aktivität erheblich reduziert werden,
erreicht die NR der zinkresistenten Population unter Zinkeinfluß die höchste Aktivität. Als Folge der veränderten Aktivität
der NR kommt es zu erheblichen Verschiebungen im Nitratgehalt
und in den löslichen Proteinen.

Im Hinblick auf die organischen Säuren zeichnen sich zinkresistente Populationen von Silene cucubalus, Agrostis tenuis und
Thlaspi alpestre durch hohe Malatgehalte aus, die sich auch unter Zinkstreß nur unwesentlich ändern. Kupferresistente Populationen von Silene cucubalus und Silene nutans unterscheiden sich
hingegen nicht in den Säuren des Tricarbonsäurezyklus. Die Bedeutung dieser organischen Säuren für die Schwermetallresistenz
wird diskutiert.

Darüber hinaus wird in Agrostis tenuis und Agrostis canina in
Abhängigkeit von der Schwermetallbelastung eine rasche Evolution zinkresistenter Populationen beobachtet, die die Beurtei-
lung von Schwermetallbelastungen mit Hilfe von Enzymtesten er-
schweren.

Literaturverzeichnis

Ashida, J. (1965), Adaptation of fungi to metal toxicants. Ann. Rev. Phytopathol. 3, 153-174.

Ashida, J., N. Higashi & T. Kikuchi (1963), An electromicroscopic study on copper precipitation by copper-resistant yeast cells. Protoplasma 57, 27-32.

Ashida, J. & H. Nakamura (1959), Role of sulfur metabolism in copper resistance of yeast. Plant Cell Physiol. (Tokyo) 1, 71-79.

Austenfeld, F.A. (1974), Der Einfluß des NaCl und anderer Alkalisalze auf die Nitratreduktaseaktivität von Salicornia europaea L. Z. Pflanzenphysiol. 71, 288-296.

Balks, R. & I. Reekers (1955), Bestimmung des Nitrat- und Ammoniumstickstoffs im Boden. Landw. Forschung 8, 7-13.

Ballentine, R. (1953), The biosynthesis of stable cobalto-proteins by plants. II. Interaction of iron and cobalt metabolism in Neurospora crassa. J. Cell. Comp. Physiol. 42, 415-426.

Ballentine, R. & D.G. Stevens (1951), The biosynthesis of stable cobalto-proteins by plants. J. Cell. Comp. Physiol. 37, 369-388.

Bailey, L.F. & J.S. McHargue (1944), Effect of boron, copper, manganese and zinc on the enzyme activity of tomato and alfalfa plants. Plant Physiol. 13, 105-116.

Barnett, N.M. & A.W. Naylor (1966), Amino-acid and protein metabolism in Bermuda grass during water stress. Plant Physiol. 41, 1222-1230.

Baumeister, W. (1954), Über den Einfluß des Zinks bei Silene inflata Sm. I. Ber. Deutsch. Bot. Ges. 67, 205-213.

Baumeister, W. & H. Burghardt (1956), Über den Einfluß des Zinks bei Silene inflata Sm. II. CO_2-Assimilation und Pigmentgehalt. Ber. Deutsch. Bot. Ges. 69, 161-168.

Beevers, L., L.E. Schrader, D. Flesher & R.H. Hageman (1965), The role of light and nitrate in the induction of nitrate reductase in radish cotyledons and maize seedlings. Plant Physiol. 40, 691-698.

Bergmeyer, H.U. (1970), Methoden der enzymatischen Analyse. 2. Aufl. Verlag Chemie, Weinheim.

Borowitzka, L.J. & A.D. Brown (1974), Salt relations of marine and halophilic species of the micellular green algae, Dunaliella. Role of glycerol as a compatible solute. Arch. Mikrobiol. 96, 37-52.

Bradshaw, A.D., T.S. McNeilly & R.P.G. Gregory (1965), Industrialization, evolution, and the development of heavy metal tolerance in plants. Ecology and the Industrial Society, 5th Brit. Ecol. Soc. Symp., Oxford, 327-343.

Brewer, G. (1970), An Introduction to Isozyme Techniques. Academic Press, London.

Briggs, D. (1972), Population differentiation in Marchantia polymorpha L. in various lead pollution levels. Nature (Lond.) 238, 166-167.

Bühler, R.H.O. & J.H.R. Kägi (1974), Human hepatic metallothionein. FEBS Letters 39, 229-234.

Caillian-Commanay, L. & G. Cavalié (1973), Les acides organiques non volatils de Phaseolus vulgaris L.: différences variétales et modifications dues au parasitisme. C.R. Acad. Sci. Paris 277 D, 1989-1992.

Cooper, D.R. & D.G. Hill-Cottingham (1974), Glutamic dehydrogenase and glutamic-oxaloacetic transaminase in apple tree tissues. Physiol. Plant. 31, 193-199.

Chu, T.M., D. Aspinall & L.G. Paleg (1974), Stress Metabilism. VI. Temperature stress and the accumulation of proline in barley and radish. Aust. J. Plant Physiol. 1, 87-97.

28

Commanay, L. & G. Cavalié (1968), Les acides organiques non volatils de Phaseolus vulgaris: évolution de leut teneur dans les divers organes de la plante au cours des premiers stades de développement. C.R. Acad. Sci. Paris 266 D, 109-112.

Crawford, R.M.M. (1966), The control of anaerobic respiration as a determining factor in the distribution of the genus Senecio. J. Ecol. 54, 403-413.

Crawford, R.M.M. (1972), Some metabolic aspects of Ecology. Trans. Bot. Soc. Edinb. 41, 309-322.

Crawford, R.M.M. & P.D. Tyler (1969), Organic acid metabolism in relation to flooding tolerance in roots. J. Ecol. 57, 237-246.

Davies, D.D., K.H. Nascimento & K.D. Patil (1974), The distribution and properties of NADP malic enzyme in flowering plants. Phytochem. 13, 2417-2425.

Della-Rossa, R.G., V.M. Gulannyan, L.F. Markaryan (1973), Effect of high copper and molybdenum concentrations on the chemical composition of natural feeds. Tr. Stavrop. Skh. Inst. 3 (36), 164-168.

De Oliveira, M.M. (1963), Chromatographic isolation of monofluoro-acetic acid from Palicourea marcgravii Hil. Experientia 19, 586.

Edroma, E.L. (1974), Copper pollution in Rwenzori National Park, Uganda. J. appl. Ecol. 11, 1043-1056.

Eloff, J.N. & B. von Sydow (1971), Experiments on the fluoroacetate metabolism of Dichapetalum cymosum (Gifblaar). Phytochem. 10, 1409-1415.

Ernst, W. (1968), Der Einfluß der Phosphatversorgung sowie die Wirkung von ionogenem und chelatisiertem Zink auf die Zink- und Phosphataufnahme einiger Schwermetallpflanzen. Physiol. Plant. 21, 323-333.

Ernst, W. (1969), Zur Physiologie der Schwermetallpflanzen-Subzelluläre Speicherungsorte des Zinks. Ber. Deutsch. Bot. Ges. 82, 161-164.

Ernst, W. (1972a), Schwermetallresistenz und Mineralstoffhaushalt. Forschungsber. Land. Nordrhein-Westfalen 2251, 1-38, Opladen.

Ernst, W. (1972b), Ecophysiological studies on heavy metal plants in South
. Central Africa. Kirkia 8, 125-145.

Ernst, W. (1972c), Zink- und Cadmium-Immissionen auf Böden und Pflanzen in der Umgebung einer Zinkhütte. Ber. Deutsch. Bot. Ges. 85, 295-300.

Ernst, W. (1974), Schwermetallvegetation der Erde. Geobotanica Selecta Vol. 5. G. Fischer Verl., Stuttgart.

Ernst, W. (1975), Mechanismen der Schwermetallresistenz. Verhandl. Ökol. Ges. Erlangen 1974, 187-196.

Ernst, W., W. Mathys, J. Salaske & P. Janiesch (1974), Aspekte von Schwermetallbelastungen in Westfalen. Abhandl. Landesmuseum Naturkunde Münster Westfalen 36 (2), 1-31.

Flowers, T.J. (1972), The effect of sodium chloride on enzyme activities from four halophyte species of Chenopodiacese. Phytochem. 11, 1881-1886.

Flückiger, W. (1973), Der Einfluß aufgesprühter Bleilösungen auf physiologische Prozesse bei Ricinus communis. Diss. Univ. Basel.

Gartside, D.W. & T. McNeilly (1974), The potential for evolution of heavy metal tolerance in plants. II. Copper tolerance in normal populations of different plant species. Heredity 32, 335-348.

Goas, Marie (1965), Contribution à l'étude du mébabolisme azoté des halophytes. Acides aminés et amides libres des jeunes plantes de Suaeda macrocarpa Moq., récoltées dans leur station naturelle. C.R. Acad. Paris 261, 2724-2726.

Gomah, A.M. & R.I. Davies (1974), Identification of the active ligands chelating Zn in some plant water extracts. Plant Soil 40, 1-19.

Greenway, H. & C.B. Osmond (1972), Salt responses of enzymes from species differing in salt tolerance. Plant Physiol. 49, 256-259.

Greenway, A.M. & A.P. Sims (1974), Effects of high concentrations of KCl and NaCl on responses of malate dehydrogenase (decarboxylating) to malate and various inhibitors. Aust. J. Plant Physiol. 1, 15-29.

Gries, B. (1966), Zellphysiologische Untersuchungen über die Zinkresistenz bei Galmeiformen und Normalformen von Silene cucubalus Wib. Flora B 156, 271-290.

Higgins, T.J.V., P.B. Goodwin & D.J. Carr (1974). The induction of nitrate reductase in mung bean seedlings. Aust. J. Plant Physiol. 1, 1-18.

Hoagland, D. (1944), Lectures on the inorganic nutrition of plants. Chronica Bot. (Waltham, Mass.).

Horio, T., T. Higashi & K. Okunuki (1955), Copper resistance of Mycobacterium tuberculosis avium. II. The influence of copper ion on the precipitation of the parent cells and copper-resistant cells. J. Biochem. (Tokyo) 42, 491-498.

Hubac, C., D. Guerrier & J. Ferren (1969), Résistance à la sécheresse du Carex pachystylis (J. Gay) plante du désert du Negev. Oscol. Plant 4, 325-346.

Janiesch, P. (1973), Beitrag zur Physiologie der Nitrophyten. Nitratspeicherung und Nitratassimilation bei Anthriscus sylvestris Hoffm. Flora 162, 479-491.

Keller, Th. (1974), The use of peroxidase activity for monitoring and mapping air pollution areas. Eur. J. Forest Pathol. 4, 11-19.

Keller, Th. & H. Schwager (1971), Der Nachweis unsichtbarer ("physiologischer") Fluor-Immissionsschädigungen an Waldbäumen durch eine einfache kolorimetrische Bestimmung der Peroxidase-Aktivität. Eur. J. Forest Pathol. 1, 6-18.

Kinzel, H. (1963), Zellsaftanalysen zum pflanzlichen Calcium- und Säurestoffwechsel und zum Problem der Kalk- und Silikatpflanzen. Protoplasma 57, 522-555.

Kinzel, H. & H. Stummerer (1974), Enzymaktivitäts-Muster als Indikatoren für den physiologischen Zustand von Pflanzen unter Mineralstoff-Mangel. Ber. Deutsch. Bot. Ges. 86, 505-512.

Klimashevskii, E.L. & K.K. Berezovskii (1973), Genotypic specifity of plant tolerance to ion toxicity in root zones. Pr. Inst. Sadow., Skierniewice, Ser. E 3, 473-496.

Kornberg, A. & W.E. Pricer jr. (1951), Di- and triphosphopyridine nucleotide isocitric dehydrogenase in yeast. J. Biol. Chem. 189, 123-136.

Kraal, H. & W. Ernst (1975), Influence of copper high tension lines on plants and soils. Environm. Pollution (in press).

Langlois, J. (1969), Action du rythme d'immersion sur la protéogenèse chez la Salicornia stricta Dumort. C.R. Acad. Sci. Paris 269 D, 2351-2354.

Langlois, J. (1971), Influence du rythme d'immersion sur la croissance et le métabolisme protéique de Salicornia stricta Dumort. Oecol. Plant. 6, 227-245.

Lew, H. (1974), Vergleichend physiologische Untersuchungen an oxalathaltigen Pflanzen. Diss. Univ. Wien, Bd. 109, 125 pp. Wien.

Liebl, V., J.G. Kaplan & J.D. Kushner (1969), Regulation of a salt dependent enzyme: the aspartate transcarbamylase of an extreme halophile. Can. J. Biochem. 47, 1095-1097.

Longo, G.P. & J.G. Scandalios (1969), Nuclear gene control of mitochondrial malic dehydrogenase in maize. Proc. Nat. Acad. Sci. USA 62, 104-111.

Lüttge, U. (1973), Stofftransport in Pflanzen. Springer Verl. Berlin, Heidelberg, 280 pp.

Lyon, G.L., P.J. Peterson & R.R. Brooks (1969), Chromium-51 distribution in tissues and extracts of Leptospermum scoparium. Planta (Berl.) 88, 282-287.

Lyon, G.L. (1969b), Chromium transport in the xylem sap of Leptospermum scoparium (Manuka). New Zeal. J. Sci. 12, 541-545.

Mathys, W. (1973), Vergleichende Untersuchungen der Zinkaufnahme von resistenten und sensitiven Populationen von Agrostis tenuis Sibth. Flora 162, 492-499.

Mathys, W. (1975), Enzymes of heavy-metal-resistant and non-resistant populations of Silene cucubalus and their interaction with some heavy metals in vitro and in vivo. Physiol. Plant. 33, 161-165.

Maurer, H.R. (1971), Disc Eletrophoresis. Walter de Gruyter, Berlin, New York.

McNair Scott, D.B. & S.S. Cohen (1953), The oxidative pathway of carbohydrate metabolism in Escherichia coli. Biochem. J. 55, 23-33.

Mensen de Silva, R (1971), Analysis of Krebs cycle and related acids in Guinea pig tissues by gas-liquid chromatography. Anal. Chem. 43, 1031-1035.

McNaughton, S.C., T.C. Folsom, T. Lee, F. Park, C. Price, D. Roeder,
J. Schmitz & C. Stockwell (1974), Heavy metal tolerance in Typha latifolia
without the evolution of tolerant races. Ecology 55, 1163-1165.

Merz, W. (1970), Neuer Automat zur Stickstoffanalyse. G-I-T-Fachzeitschrift
für das Laboratorium 6 (1970) 617-625.

Miller, R.J., J.E. Bittell & D.E. Koeppe (1973), The effect of cadmium on
electron and energy transfer reactions in corn mitochondria. Physiol.
Plant 28, 166-171.

Murayama, T. (1961), Studies on the metabolic pattern of yeast with reference
to its copper resistance. Mem. Ehime Univ. II B 4, 43-66.

Nierhaus, D.B. (1970), Vergleichende Untersuchungen über die organischen Säuren in Zellsäften von Angiospermen. Diss. Univ. Wien.

Nierhaus, D. & H. Kinzel (1971), Vergleichende Untersuchungen über die organischen Säuren in Blättern höherer Pflanzen. Z. Pflanzenphysiol. 64,
107-123.

Noel, M.C. (1968), Contribution au métabolisme azoté et glucidique chez Sa-
licernia stricta Dumort. Thèse de spécialité Caen, 143 pp.

Northrop, D.B. & W.W. Cleland (1970), The kinetics of metal ion activators
for TPN-isocitrate dehydrogenase. Federation Proc. 29, 408.

Notton, B.A., L. Graf, E.J. Hewitt & R.C. Povey (1974), The role of molybdenum
in the synthesis of nitrate reductase in cauliflower (Brassica oleracea
L. var. botrytis L.) and spinach (Spinacea oleracea). Biochem. Biophys.
Acta E 52, 45-58.

Osmond, C.B. & H. Greenway (1972), Salt responses of carboxylating enzymes
from species differing in salt tolerances. Plant Physiol. (Lancaster) 49,
260-263.

O'Sullivan, S.A. & R.T. Wedding (1972), Malate dehydrogenase isoenzymes from
cotton leaves: Molecular weights. Plant Physiol. 49, 117-123.

Pershukova, A.M. & L. Ya. Levanidov (1973), Effects of manganese trace element
fertilizers on the composition of polyphenolic compounds of Rumex tianschanicus. Usp. Izuch. Lek. Rast. Sib., Mater. Mezhvuz. Nauk. Konf. 1973,
93-94.

Peterson, P.J. (1969), The distribution of zinc-65 in Agrostis stolonigera
L. and A. tenuis Sibth. tissues. J. exp. Bot. 20, 863-875.

Peters, R.A. (1954), Der Chemismus einer altbekannten Vergiftung: Die Syn-
these zum Gift. Endeavour 13, 147-154.

Preuss, P.W., L. Colavito & L.H. Weinstein (1970), The synthesis of mono-
fluoroacetic acid by a tissue culture of Acacia georginae. Experientia 26,
1059-1060.

Reilly, C. (1972), Amino acids and amino acid copper complexes in water-
soluble extracts of copper-tolerant and non-tolerant Becium homblei.
Z. Pflanzenphysiol. 66, 294-296.

Reilly, A. & C. Reilly (1973), Zinc, lead, and copper tolerance in the grass
Stereochlaena cameronii (Stapf) Clayton. New Phytol. 72, 1041-1046.

Rocha, V. & J.P. Ting (1970), Tissue distribution of microbody, mitochondrial
and soluble malate dehydrogenase isoenzymes. Plant Physiol. 46, 754-756.

Rüther, F. (1967), Vergleichende physiologische Untersuchungen über die Resistenz von Schwermetallpflanzen. Protoplasma 64, 400-425.

Sillen, L.G. & A.E. Martell (1964), Stability constants of metal ion complexes.
Chem. Soc. London 754 pp.

Singh, A.P. & P.D. Bragg (1974), Inhibition of energization of Salmonella
typhimurinum membrane by zinc ions. FEBS Letters 40, 200-202.

Singh, T.N., L.G. Paleg & D. Aspinell (1973), Stress metabolism. I. Nitrogen
metabolism and growth in the barley plant during water stress. Aust. J.
biol. Sci. 26, 45-56.

Sirkar, S. & J.V. Amin (1974), The manganese toxicity of cotton. Plant Physiol. 54, 539-543.

Skripchenko, A.F. & N.S. Nikonova (1973), Effect of copper on the content of
organic acids in potato plants at excessive soil moisture under the con-
ditions of the Maritime Territory. Uch. Zap. Dal'nevost. Gos. Univ. (USSR)
61, 105-111.

Staples, R.C. & M.A. Stahmann (1963), Malate dehydrogenase in the rusted bean leaf. Science 140, 1320-1321.

Stewart, G.R. & J.A. Lee (1974), The role of prolin accumulation in halophyte Planta (Berl.) 120, 279-289.

Tokuyama, T. & K. Asano (1974), Copper ion resistant bacteria II. Distribution of copper in the cells of Pseudomonas species No. 20A. Nihon Daigaku Nojuigakubu Gakujatsu Kenkyu Hokoku 31, 203-213.

Torii, K. & G.G. Laties (1966), Organic acid synthesis in response to excess cation absorption in vacuolate and non-vacuolate sections of corn and barley roots. Plant Cell Physiol. 7, 395-403.

Turner, R.G. (1970), The subcellular distribution of zinc and copper within the roots of metal tolerant clones of Agrostis tenuis Sibth. New Phytol. 69, 725-731.

Tyler, P.D. & R.M.M. Crawford (1970), The role of shikimic acid in waterlogged roots and thizomes of Iris pseudacorus. J. exp. Bot. 21, 677-682.

Uchida, Y., A. Saito, H. Kaziwara & N. Enomoto (1973), Cadmium-resistant microorganism. I. Isolation of cadmium-resistant bacteria and the uptake of cadmium by the organism. Saga Daigaku Nogaku Iho 35, 15-24.

Ulsen, F.W. van (1972), Schapen, varkens en koper. Tijdschr. Diergeneesk. 97 735-738.

Vallee, B.L. & D.D. Ulmer (1972), Biochemical effects of mercury, cadmium, and lead. Ann. Review Biochem. 41, 91-128.

Vennesland, B., M.C. Gollub & J.F. Speck (1949), The carboxylases of plants.I. Some properties of exaloacetic carboxylase and its quantitative assay. J. Biol. Chem. 178, 301-314.

Wakiuchi, N., H. Matsumoto & E. Takahashi (1971), Changes of some enzyme properties of cucumber during ammonium toxicity. Physiol. Plant. 24, 248-253.

Willert, D.J. von (1974), Der Einfluß von NaCl auf die Atmung und Aktivität der Malatdehydrogenase bei einigen Halophyten und Glykophyten. Oecologie (Berl.) 14, 127-137.

Woolhouse, H.W. (1970), Environment and enzyme evolution in plants. Phytochem. Phylogeny, Proc. Phtyochem. Soc. Symp. 1969, 207-231. London, New York.

Wu, L., & A.D. Bradshaw (1972), Aerial pollution and the rapid evolution of copper tolerance. Nature (Lond.) 238, 167-169.

Zielke, H.R. & P. Filner (1971), Synthesis and turnover of nitrate reductase induced by nitrate in cultured tobacco cells. J. Biol. Chem. 246, 1772-1779.

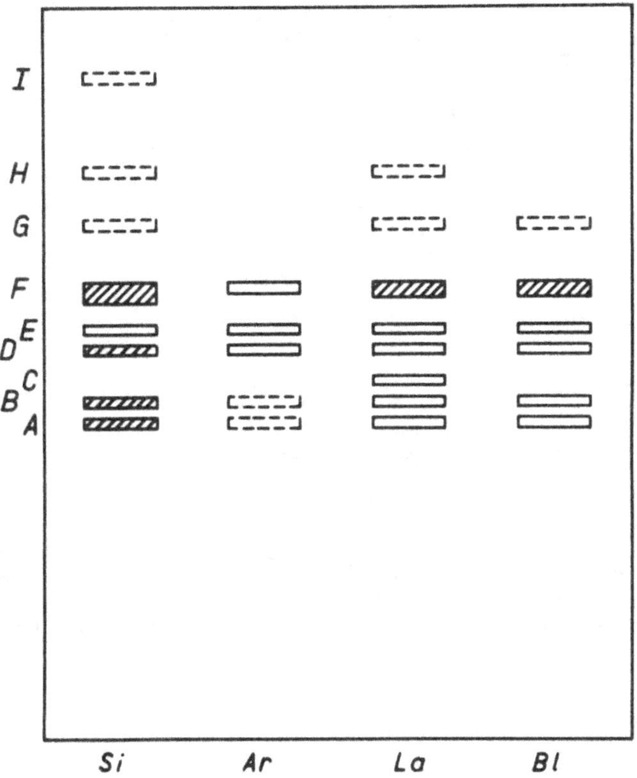

Abb. 1: Isoenzymmuster der Malatdehydrogenase aus ungekeimten
Samen von unterschiedlich schwermetallresistenten Popu-
lationen von Silene cucubalus. Si, Bl = zinkresistente
Pflanzen von Blankenrode (Bl) und vom Silberberg (Si).
La = kupfer- und zinkresistente Pflanzen von Langels-
heim, Ar = nicht-schwermetallresistente Population vom
Mt Aravis

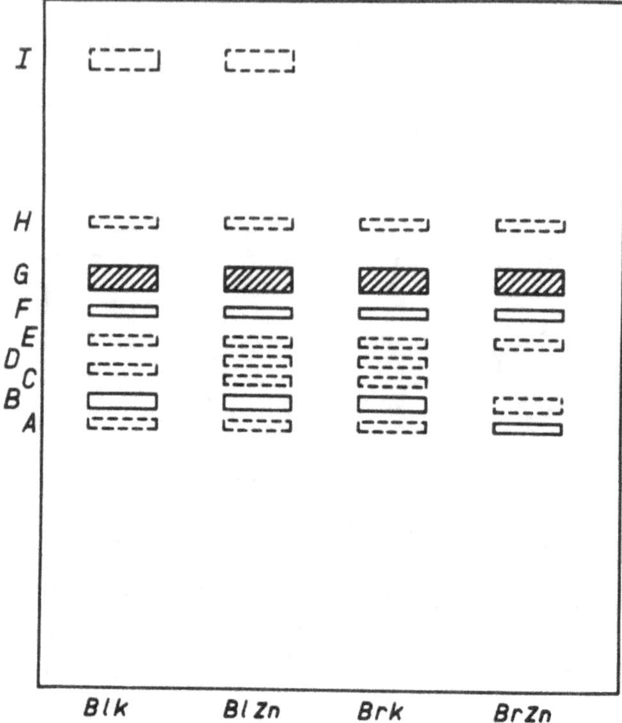

Abb. 2: Isoenzymmuster der Malatdehydrogenase aus gleichalten
Blättern zinkresistenter Pflanzen von Blankenrode (Bl)
und nicht-schwermetallresistenter Pflanzen von Brochterbeck (Br) aus einer Kultur ohne Zink (K) und mit
Zink (Zn)

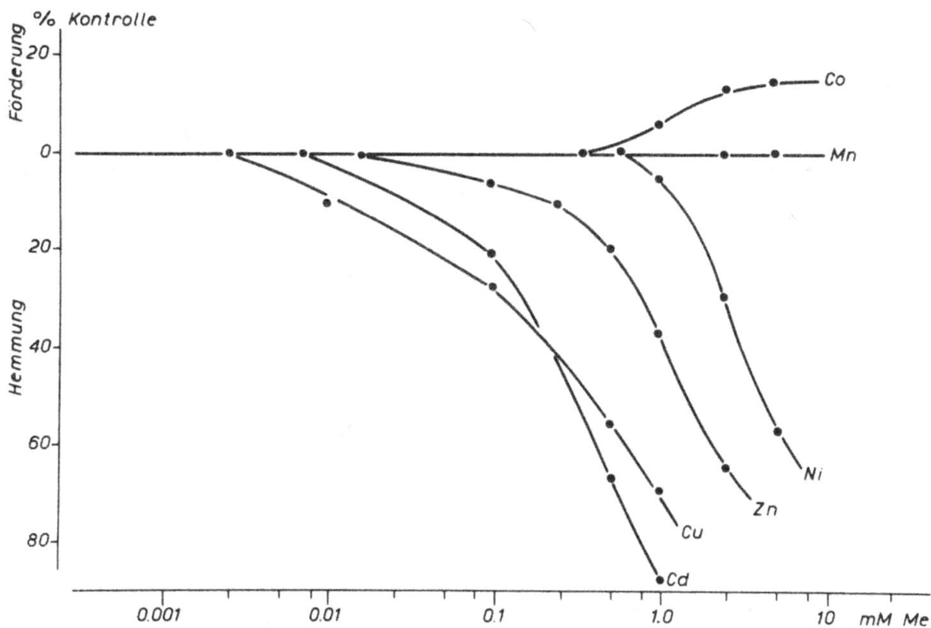

Abb. 3: Der Einfluß verschiedener Schwermetalle, die erst im
Inkubationsmedium zugefügt wurden, auf die Aktivität
der Malatdehydrogenase aus Blättern einer zinkresistenten Population von Silene cucubalus. O = 3050 µM Oxalacetat je Stunde und g Frischgewicht

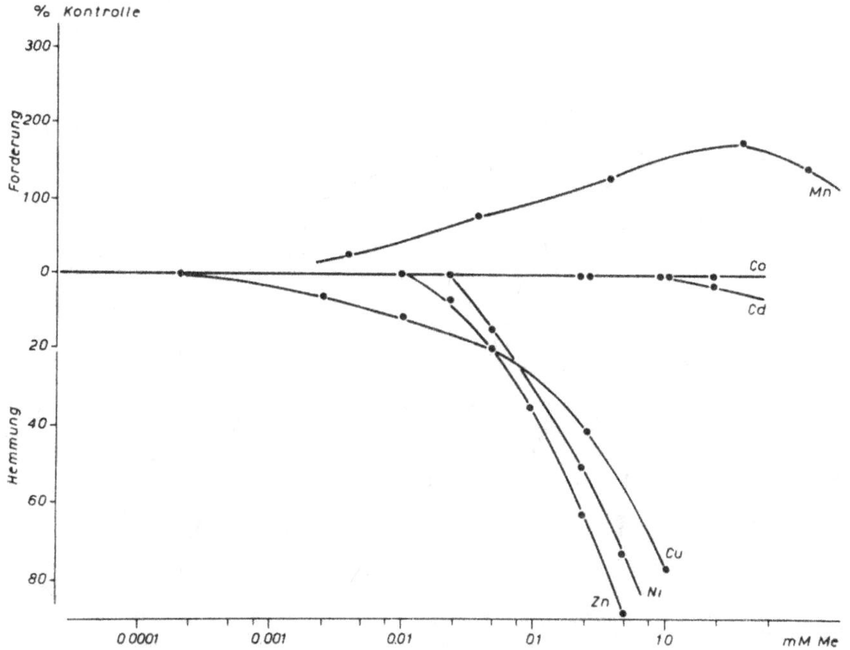

Abb. 4: Der Einfluß verschiedener Schwermetalle im Inkubationsmedium auf die Aktivität der Isocitrat-Dehydrogenase
aus Blättern einer zinkresistenten Population von Silene
cucubalus. Bezugsbasis O = 16.3 µM Isocitrat/h x g

35

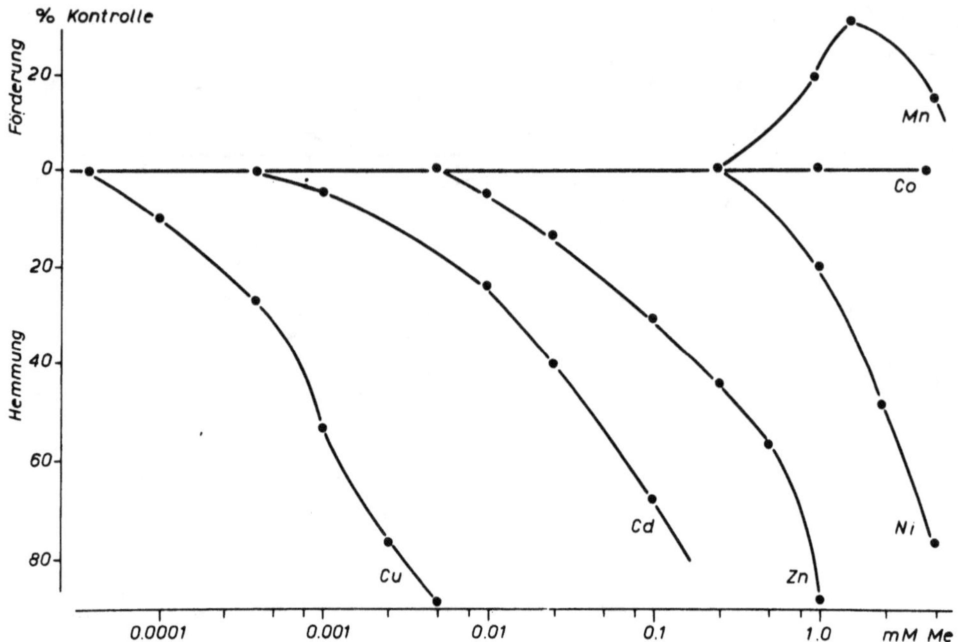

Abb. 5: Der Einfluß verschiedener Schwermetalle im Inkubationsmedium auf die Aktivität der Glucose-6-Phosphat-Dehydro-
genase aus Blättern einer zinkresistenten Population von
Silene cucubalus. Bezugsbasis O = 19.9 µM Glucose-6-
Phosphat/h x g Frischgewicht

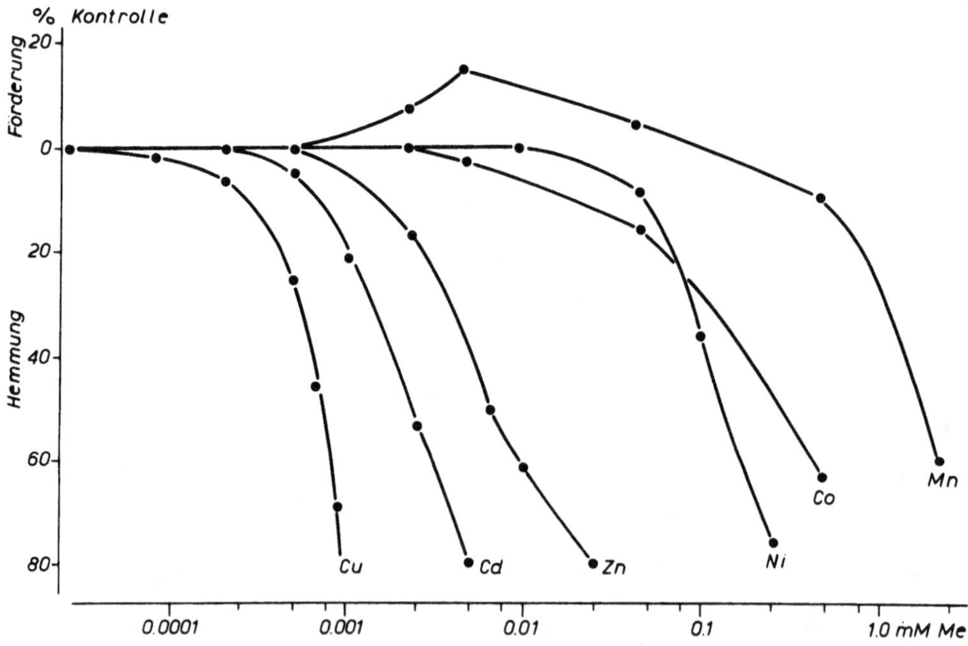

Abb. 6: Der Einfluß verschiedener Schwermetalle im Inkubationsmedium auf die Aktivität der Nitratreduktase aus Blättern einer zinkresistenten Population von Silene cucubalus. Bezugsbasis O = 2.8 µM NO$_2$/g x h

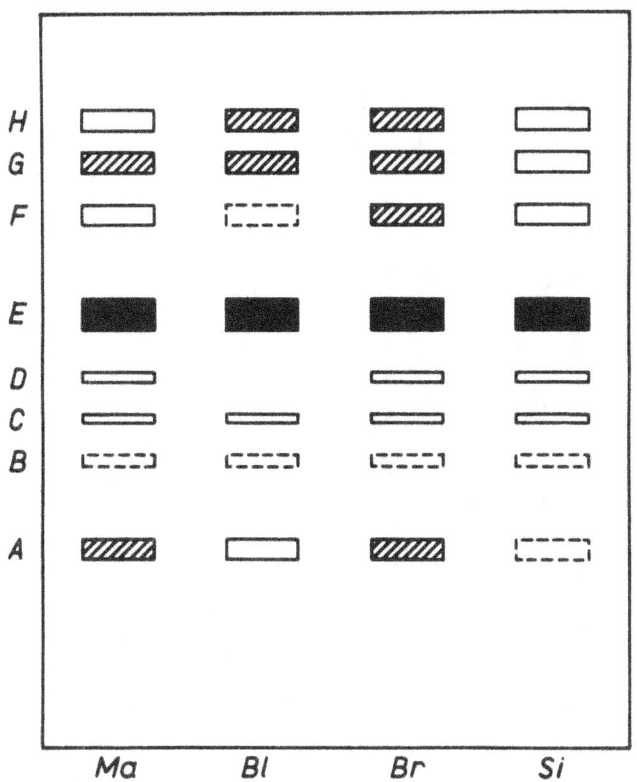

Abb. 7: Zymogramm der Proteine aus ungekeimten Samen von unterschiedlich schwermetallresistenten Populationen von Silene cucubalus. Ma = kupferresistente Pflanzen von Marsberg; Bl, Si = zinkresistente Pflanzen von Blankenrode
und vom Silberberg bei Osnabrück; Br = nicht-schwermetallresistente Pflanze von Brochterbeck

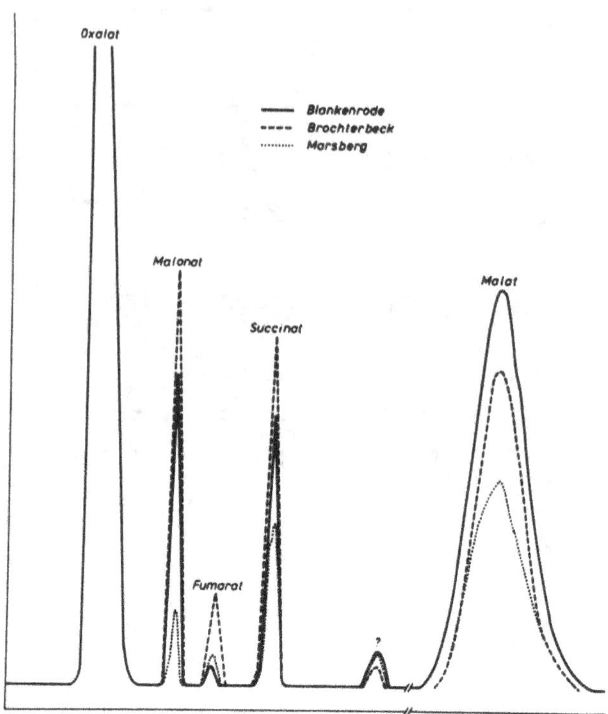

Abb. 8: Gaschromatogramm der wasserlöslichen organischen Säuren in den Blättern von Silene cucubalus mit unterschiedlicher Schwermetallresistenz

Forschungsberichte
des Landes Nordrhein-Westfalen
Herausgegeben im Auftrage des Ministerpräsidenten Heinz Kühn
vom Minister für Wissenschaft und Forschung Johannes Rau

Sachgruppenverzeichnis

Acetylen · Schweißtechnik
Acetylene · Welding gracitice
Acétylène · Technique du soudage
Acetileno · Técnica de la soldadura
Ацетилен и техника сварки

Arbeitswissenschaft
Labor science
Science du travail
Trabajo científico
Вопросы трудового процесса

Bau · Steine · Erden
Constructure · Construction material ·
Soilresearch
Construction · Matériaux de construction ·
Recherche souterraine
La construcción · Materiales de construcción ·
Reconocimiento del suelo
Строительство и строительные материалы

Bergbau
Mining
Exploitation des mines
Mineria
Горное дело

Biologie
Biology
Biologie
Biologia
Биология

Chemie
Chemistry
Chimie
Quimica
Химия

Druck · Farbe · Papier · Photographie
Printing · Color · Paper · Photography
Imprimerie · Couleur · Papier · Photographie
Artes gráficas · Color · Papel · Fotografia
Типография · Краски · Бумага · Фотография

Eisenverarbeitende Industrie
Metal working industry
Industrie du fer
Industria del hierro
Металлообрабатывающая промышленность

Elektrotechnik · Optik
Electrotechnology · Optics
Electrotechnique · Optique
Electrotécnica · Optica
Электротехника и оптика

Energiewirtschaft
Power economy
Energie
Energia
Энергетическое хозяйство

Fahrzeugbau · Gasmotoren
Vehicle construction · Engines
Construction de véhicules · Moteurs
Construcción de vehículos · Motores
Производство транспортных средств

Fertigung
Fabrication
Fabrication
Fabricación
Производство

Funktechnik · Astronomie
Radio engineering · Astronomy
Radiotechnique · Astronomie
Radiotécnica · Astronomía
Радиотехника и астрономия

Gaswirtschaft

Gas economy
Gaz
Gas
Газовое хозяйство

Holzbearbeitung

Wood working
Travail du bois
Trabajo de la madera
Деревообработка

Hüttenwesen · Werkstoffkunde

Metallurgy · Materials research
Métallurgie · Matériaux
Metalurgia · Materiales
Металлургия и материаловедение

Kunststoffe

Plastics
Plastiques
Plásticos
Пластмассы

Luftfahrt · Flugwissenschaft

Aeronautics · Aviation
Aéronautique · Aviation
Aeronáutica · Aviación
Авиация

Luftreinhaltung

Air-cleaning
Purification de l'air
Purificación del aire
Очищение воздуха

Maschinenbau

Machinery
Construction mécanique
Construcción de máquinas
Машиностроительство

Mathematik

Mathematics
Mathématiques
Matemáticas
Математика

Medizin · Pharmakologie

Medicine · Pharmacology
Médecine · Pharmacologie
Medicina · Farmacologia
Медицина и фармакология

NE-Metalle

Non-ferrous metal
Metal non ferreux
Metal no ferroso
Цветные металлы

Physik

Physics
Physique
Física
Физика

Rationalisierung

Rationalizing
Rationalisation
Racionalización
Рационализация

Schall · Ultraschall

Sound · Ultrasonics
Son · Ultra-son
Sonido · Ultrasónico
Звук и ультразвук

Schiffahrt

Navigation
Navigation
Navegación
Судоходство

Textilforschung

Textile research
Textiles
Textil
Вопросы текстильной промышленности

Turbinen

Turbines
Turbines
Turbinas
Турбины

Verkehr

Traffic
Trafic
Tráfico
Транспорт

Wirtschaftswissenschaften

Political economy
Economie politique
Ciencias economicas
Экономические науки

Einzelverzeichnis der Sachgruppen bitte anfordern

Westdeutscher Verlag GmbH
– Auslieferung Opladen –
567 Opladen, Postfach 1620

GPSR Compliance
The European Union's (EU) General Product Safety Regulation (GPSR) is a set
of rules that requires consumer products to be safe and our obligations to
ensure this.

If you have any concerns about our products, you can contact us on

ProductSafety@springernature.com

In case Publisher is established outside the EU, the EU authorized
representative is:

Springer Nature Customer Service Center GmbH
Europaplatz 3
69115 Heidelberg, Germany